Rodrigo Ortiz

Recomendación Nutricional en Sistemas Hidroponicos de Producción.

Rodrigo Ortiz

Recomendación Nutricional en Sistemas Hidroponicos de Producción.

Formulación de Soluciones Nutritivas para la optima Nutrición y Desarrollo de los Cultivos.

Editorial Académica Española

Imprint
Any brand names and product names mentioned in this book are subject to trademark, brand or patent protection and are trademarks or registered trademarks of their respective holders. The use of brand names, product names, common names, trade names, product descriptions etc. even without a particular marking in this work is in no way to be construed to mean that such names may be regarded as unrestricted in respect of trademark and brand protection legislation and could thus be used by anyone.

Cover image: www.ingimage.com

Publisher:
Editorial Académica Española
is a trademark of
International Book Market Service Ltd., member of OmniScriptum Publishing Group
17 Meldrum Street, Beau Bassin 71504, Mauritius

Printed at: see last page
ISBN: 978-613-8-97736-0

DEDICATORIAS

A MI MADRE: MARÍA DEL SOCORRO BAIDÓN MARTÍNEZ

A ti más que a nadie… por darme la vida, por tu amor, paciencia, confianza, por tu apoyo incondicional hasta el día de hoy, porque eres y siempre serás la mejor de las madres.

Gracias por enseñarme a ver la vida de una manera transparente y sencilla, en la que los valores como la unión, la humildad, el respeto, la sinceridad, la tolerancia y la responsabilidad nos hacen crecer y ser mejores personas.

A MI PADRE: JOSÉ ORTIZ PÉREZ

Por tu amor, cariño y apoyo. Por el sacrificio que has hecho para darme la oportunidad de terminar mi carrera profesional que es para mí la mejor de las herencias.

A MIS HERMANOS: JOSÉ ORTIZ BAIDÓN Y SEBASTIÁN ORTIZ BAIDÓN

Por su cariño y apoyo incondicional, por esas palabras de aliento que siempre me dieron, pero sobre todo por ser mis amigos y estar ahí cuando más los necesité.

Mis Padres y Ustedes son mi razón y más grande inspiración para seguir cumpliendo mis metas y objetivos. Dios los bendiga.

ÍNDICE DE CONTENIDO

ÍNDICE DE FIGURAS

ÍNDICE DE CUADROS

I.   INTRODUCCIÓN

1.1 Antecedentes

La hidroponía conocida como la técnica de cultivo sin suelo, es relativamente nueva, de apenas 40-50 años a la fecha. Sin embargo, esta técnica hoy en día ofrece grandes posibilidades para satisfacer la demanda de alimento a este mundo cada vez más poblado, aun en contra de los problemas que la explosión demográfica ocasiona como son: la contaminación y reducción de las tierras de cultivo por el asentamiento humano; también ofrece la posibilidad de producir alimento en condiciones climáticas muy adversas, como en lugares muy secos, muy húmedos, con bajas temperaturas, terrenos altamente erosionados, etc.; además, permite controlar eficazmente las plagas y enfermedades y reducir los daños que estas causan en la producción. En realidad la hidroponía parece ser una forma efectiva para combatir el hambre en el mundo.

La hidroponía es una técnica muy variada, pero se puede enmarcar en la definición siguiente; es la técnica de cultivar plantas sin suelo, con o sin el uso de un medio inerte (sustrato) para proveer soporte mecánico a la planta y suministrando una solución nutritiva que contenga todos los nutrimentos para el desarrollo de las plantas.

Tanto el sustrato inerte como la solución nutritiva son los dos componentes más importantes del sistema hidropónico. Específicamente, la formulación de la solución nutritiva es lo que ocasiona más problema y, por tal motivo, este escrito pretende describir un método sistémico de preparación de soluciones nutritivas.

1.2 Importancia

El objetivo de la Agricultura de Ambiente Controlado (AAC) consiste en modificar el ambiente natural para obtener el óptimo desarrollo de la planta. La mayoría de los sistemas hidropónicos se encuentran en invernadero, con el fin de controlar la temperatura, reducir la pérdida de agua por evaporación, controlar las infestaciones de plagas y enfermedades y proteger a los cultivos de factores del ambiente, como el viento y la lluvia. La hidroponía forma parte de la AAC, el aspecto más importante de la hidroponía es la SN, de ella depende la nutrición de las plantas y, por ende, la calidad y cantidad de la producción.

La hidroponía es ampliamente usada en el mundo para la producción de los cultivos más rentables. La fresa, el pimiento y el tomate son especies hortícolas que más se producen en hidroponía, debido a su elevado potencial productivo (el cual no es explotado completamente en campo), a su demanda nacional y mundial, así como a su alto valor económico, principalmente cuando se produce en los periodos en que no existe en campo abierto.

1.3 Justificación

La necesidad de incrementar la producción de alimentos de origen vegetal, la restricción de tierras aptas para la producción agrícola, la escasez de agua o la mala calidad de ésta para el uso agrícola, fueron algunas de las causas que estimularon a diversos investigadores a buscar alternativas para el desarrollo de las plantas. Como resultado se generó la hidroponía (cultivo sin suelo) a nivel comercial.

La hidroponía es una tecnología para desarrollar plantas en solución nutritiva (SN) (agua y fertilizantes), con o sin el uso de un sustrato (pudiendo ser arena, grava, vermiculita, tezontle, turba, perlita, aserrín, etc.).

El conocimiento de cómo preparar y manejar la SN permite aprovecharla al máximo, para así obtener un mayor rendimiento de los cultivos y una mejor calidad de los frutos.

1.4 Objetivos

Interpretar mediante la técnica Steiner descrita por Maldonado (1994), la información analítica de soluciones nutritivas empleadas en sistemas hidropónicos de producción.

Emitir recomendaciones de mejora de la nutrición en los sistemas hidropónicos de producción.

Palabras Clave: Solución, Nutritiva, Recomendación, Interpretación, Fertilidad, Nutrición Vegetal, Tomate, Fresa, Pimiento, Steiner, Chihuahua, Arteaga, Coahuila, Culiacán, Sinaloa.

Correo Electrónico: Rodrigo Ortiz Baidon rodrigortizbaidon@hotmail.com

II.   SOLUCIÓN NUTRITIVA

Una solución nutritiva (SN) consta de agua con oxígeno y de todos los nutrimentos esenciales en forma iónica y, eventualmente, de algunos compuestos orgánicos tales como los quelatos de fierro y de algún otro micronutrimento que puede estar presente (Steiner, 1968). Una SN verdadera es aquélla que contiene las especies químicas indicadas en la solución, por lo que deben de coincidir con las que se determinen mediante el análisis químico correspondiente (Steiner, 1961).

La SN está regida por las leyes de la química inorgánica, ya que tiene reacciones que conducen a la formación de complejos y a la precipitación de los iones en ella, lo cual evita que éstos estén disponibles para las raíces de las plantas (De Rijck y Schrevens, 1998).

La pérdida por precipitación de una o varias formas iónicas de los nutrimentos, puede ocasionar su deficiencia en la planta, además de un desbalance en la relación mutua entre los iones. Es esencial que la solución nutritiva tenga la proporción adecuada, necesaria para que las plantas absorban los nutrimentos; en caso contrario, se producirá un desequilibrio entre los nutrimentos, lo que dará lugar a excesos o déficit en el medio de cultivo y afectará la producción (Rincón, 1997).

La selección de elementos nutritivos de una SN "universal" al momento de la absorción por la planta, se puede explicar desde un punto de vista fisiológico, al no variar el equilibrio iónico de la SN durante el ciclo de cultivo; sin embargo, en una producción comercial, la nutrición de los cultivos debe tomar en cuenta aspectos técnicos y económicos. Desde un punto de vista técnico, para que las plantas puedan obtener los máximos rendimientos, la SN debe cubrir sus requerimientos nutrimentales, de tal manera que se eviten deficiencias o el consumo en exceso.

La planta no absorbe nutrimentos en la misma cantidad durante el ciclo, ya que lo hace según la etapa fenológica y las condiciones climáticas, por lo que el equilibrio iónico de la SN se adapta al ritmo de absorción de la planta (Carpena *et al.*, 1987; Adams, 1994b).

Los parámetros fundamentales para preparar una SN son: el pH, la concentración iónica total (presión osmótica) determinada mediante la conductividad eléctrica, la relación mutua entre aniones, la relación mutua entre cationes, la concentración de amonio, la temperatura y el oxígeno disuelto. Graves (1983) y Steiner (1984).

2.1 El pH de la solución nutritiva

El pH de la SN se determina por la concentración de los ácidos y de las bases. El pH se define una vez que se establece la proporción relativa de los aniones y los cationes, y la concentración total de ellos en meq/L^{-1}, lo cual significa que el pH es una propiedad inherente de la composición química de la SN y no puede cambiar independientemente (De Rijck y Schrevens, 1998).

El pH apropiado de la SN para el desarrollo de los cultivos se encuentra entre los valores 5.5 y 6.5; sin embargo, el pH de la SN no es estático, ya que depende del CO_2 en el ambiente, de que la SN se encuentre en un contenedor cubierto o descubierto, del ritmo de absorción nutrimental, de la fuente nitrogenada utilizada, etc. Así por ejemplo, la SN de Steiner contiene solamente $N-NO_3^-$, el cual ocasiona un pH fisiológicamente alcalino; a medida que las plantas absorben el $N-NO_3^-$, la SN tiende a alcalinizarse, debido a que a la absorción del $N-NO_3^-$ la acompaña una liberación de HCO_3^- u OH^-. Cuando se adiciona el $N-NH_4^+$ el pH se amortigua, ya que al absorberlo el $N-NH_4^+$, al H^+ lo liberan las raíces y la SN se acidifica.

El pH de la SN se controla con el fin de neutralizar la presencia de los bicarbonatos en el agua de riego, ya que estos iones producen un elevado pH, y un alto contenido de ellos en la zona radical provoca la inmovilización del P, Mn y Fe (Rincón, 1997); además, con un alto pH en la SN, el Ca y el Mg pueden precipitar con el HPO_4 (De Rijck y Schrevens, 1998; Amiri y Sattary, 2004).

Para bajar el pH se puede emplear un ácido comercial, por ejemplo, ácido nítrico (HNO_3), fosfórico (H_3PO_4) o sulfúrico (H_2SO_4), de los cuales el sulfúrico es el de menor costo.

El pH está directamente relacionado con el contenido de HCO_3^- y CO_3^{2-}. Al neutralizar estas especies químicas mediante la aplicación de un ácido, el CO_3^{2-} se transforma a HCO_3^- y el HCO_3^- a H_2CO_3; este último, a su vez, se disocia parcialmente en H_2O y CO_2, por lo que el ácido aplicado transforma los CO_3^{2-} y/o HCO_3^- a CO_2 el cual es un gas en su estado natural, por lo que se volatiliza (De Rijck y Schrevens, 1997a).

La forma química del P depende del pH de la SN. El $H_2PO_4^-$ (ortofosfato monobásico) es el ion más móvil en la SN y en el espacio libre aparente de las células de la raíz (Marschner, 1995). Cuando el pH es de 5.0, todo el fósforo se encuentra disociado en la forma de $H_2PO_4^-$; cuando es de 6.0, el 95 % de este ion se encuentra soluble; pero si el pH es mayor a 6.5, sólo será soluble menos del 70 % de este ion (De Rijck y Schrevens, 1997a). Por esta razón es importante mantener el pH de la SN entre 5.0 y 6.0.

En algunas ocasiones es necesario incrementar el pH, para lo cual se requiere incluir fertilizantes de reacción básica, como lo son: el nitrato de calcio ($Ca(NO3)2$) o el de potasio ($KNO3$), aunque también se puede utilizar el hidróxido de potasio (KOH), el bicarbonato de potasio ($KHCO3$), hidróxido de sodio ($NaOH$) o el bicarbonato de sodio ($NaHCO3$); estos últimos se deben evitar, en lo posible, debido a que el ion sodio, hasta cierto punto, es un ion indeseable en la SN.

2.2 Presión osmótica

La cantidad total de los iones de las sales disueltas en la SN ejerce una fuerza llamada presión osmótica (PO); en la medida que aumenta la cantidad de iones se incrementa esta presión. La PO es una propiedad físico-química de las soluciones, la cual depende de la cantidad de partículas o solutos disueltos. En la medida que la PO es mayor, las plantas deben invertir más energía para absorber el agua y los nutrimentos, por lo cual la PO no debe elevarse (Asher y Edwards, 1983).

La PO apropiada para los cultivos depende de la especie y de la variedad (Adams y Ho, 1992). En general, el tomate es una de las especies hortícolas con capacidad para soportar mayor PO, en cambio la lechuga es una de las que requiere menor PO. La época del año (condición ambiental) influye en la PO de la SN que pueden soportar las plantas: en el invierno éstas tienen mejor desarrollo con alta PO que en el verano.

El ambiente influye más en la absorción de SO_4^{2-} que en la de $H_2PO_4^-$ y NO_3; mientras que la absorción de Ca la afecta en mayor medida que la de K y Mg, lo cual se debe a los mecanismos de absorción de éstos últimos; el NO_3, el H_2PO_4, el K, y en menor proporción el Mg, las plantas los absorben en forma activa, lo que significa que invierten energía metabólica para absorberlos, en cambio al Ca y en menor cantidad al SO_4^{2-}, los asimilan mediante el flujo transpiratorio (Adams y Ho, 1992).

Una medida indirecta y empírica para determinar la PO de la SN es la conductividad eléctrica (CE), que sirve para indicar la concentración total de sales disueltas en el agua; para hacerlo, se multiplica la CE de la SN por 0.36 (Rhoades, 1993).

Steiner (1984) calcula la presión osmótica de la SN multiplicando el número total de mM por el factor 0.024; Sonneveld (1997) sugiere la siguiente ecuación para determinar la CE de una SN: CE = Σ de cationes $\div$ 10. Esta ecuación es útil para valores de CE de 0 a 5 ds/m^{-1}, rango en el que se encuentra la CE teórica de la SN.

La CE en el agua de riego permite verificar la concentración total de iones en la SN, detectar un mal funcionamiento en el equipo de inyección, errores eventuales en la preparación de las soluciones madre y las variaciones en la composición del agua de riego, que debe compararse mediante un análisis en el laboratorio (Rincón, 1997).

Una alta presión osmótica de la SN induce a una deficiencia hídrica de la planta y, además, ocasiona un desbalance nutrimental, pues afecta principalmente a aquellos nutrimentos que se mueven por flujo de masas, como el Ca^{2+} y el Mg^{2+}, los cuales se absorben en menor cantidad (Ehret y Ho, 1986); también influye en la relación mutua de aniones en el interior de la planta, ya que al aumentar la presión osmótica se incrementa la proporción de $H_2PO_4^-$, y en menor magnitud, la del NO_3^- a expensas de los SO_4^{2-}, este comportamiento se presenta independientemente de la etapa de desarrollo.

Es de esperarse que, al disminuir la presión en la SN, se presenten problemas en la absorción del $H_2PO_4^-$, se favorezca la absorción del agua por las raíces y se limite la absorción de los iones que se mueven por difusión, como el P, K y el NH_4^+; mientras que las soluciones nutritivas concentradas limitan la absorción de los iones que se mueven por flujo de masas como el NO_3, Ca y Mg (Steiner, 1973; Sonneveld y Voogt, 1990).

2.3 Relación mutua entre los aniones y los cationes

Este concepto que introdujo Steiner en 1961, se basa en la relación mutua que existe entre los aniones NO_3^-, $H_2PO_4^-$ y SO_4^{2-}, y los cationes K^+, Ca^{2+}, Mg^{2+}, con los cuales se regula la SN. Tal relación no sólo consiste en la cantidad absoluta de cada ion presente en la solución, sino en la relación cuantitativa que guardan los iones entre sí, ya que de existir una relación inadecuada entre ellos, puede disminuir el rendimiento (Steiner, 1968).

La importancia del balance iónico comienza cuando las plantas absorben los nutrimentos de la solución nutritiva diferencialmente (Jones, 1997). La razón de esta variación se debe a las diferentes necesidades de los cultivos (especie y etapa de desarrollo) y a la diversidad de condiciones ambientales. La restricción de estos rangos, además de ser de tipo fisiológico, es química, lo cual está determinado principalmente por la solubilidad de los compuestos que se forman entre HPO_4^{2-} y Ca^{2+}, y SO_4^{2-} y Ca^{2+}.

El límite de solubilidad del producto de los iones fosfato y calcio es de 2.2 mmol/L^{-1}, y del producto entre el sulfato y el calcio, de 60 mmol/L^{-1} (Steiner, 1984).

Los cationes en la SN son el K, Ca y Mg; una parte del N se puede incluir como NH_4^+, pero en concentraciones inferiores al 25 %.

La relación mutua entre cationes varía en función de la etapa de desarrollo de las plantas, lo cual implica que tienen demanda diferencial. A partir de la importancia que el K tiene en la etapa de producción de los frutos para favorecer su calidad, en ocasiones se genera desbalance entre K con Ca y/o Mg, al suministrar en la SN cantidades de K que superan 45 % de los cationes, lo cual provoca deficiencias de Mg y principalmente de Ca.

Cuadro 1. Porcentajes mínimos y máximos que pueden presentar los aniones y cationes con respecto al total en la solución nutritiva, sin que estén en los límites fisiológicos o de precipitación.

Iones	NO_3^-	$H_2PO_4^-$	SO_4^{2-}	K^+	Ca^{2+}	Mg^{2+}	NH_4^+
Mínimo	20	1.25	10	10	22.5	0.5	0
Máximo	80	10	70	65	62.5	40	15

En general, las SN que se utilizan para la producción de cultivos constan de seis macronutrimentos esenciales: tres cationes (K^+, Ca^{2+}, Mg^{2+}) y tres aniones (NO_3^-, $H_2PO_4^-$ y SO_4^{2-}), y en algunas soluciones NH_4^+ en pequeñas concentraciones. Simplificando, la SN en seis macronutrimentos, sin tomar en cuenta los iones H^+, OH^- y las posibles disociaciones del $H_2PO_4^-$, se tiene:

$$[K^+] + [Ca^{2+}] + [Mg^{2+}] + [NH_4^+] = [NO_3^-] + [H_2PO_4^-] + [SO_4^{2-}] = C.$$

Donde **C** es la cantidad total de aniones y cationes expresada en miliequivalentes por litro. Al dividir la cantidad de meq/L^{-1} de cada ion por la cantidad total de los meq/L^{-1} (sumatoria de aniones y cationes), resulta la proporción de cada ion presente en la solución. Si se tiene la proporción de dos aniones o dos cationes, se puede determinar la proporción del tercero (De Rijck y Schrevens, 1998b).

2.4 Concentración de amonio en la solución nutritiva

El N-NO_3^- es la fuente de N más adecuada para la mayoría de los cultivos y debe evitarse que sobrepase el 80 % de la suma de los aniones en la solución nutritiva (Steiner, 1984).

Las altas concentraciones de NH_4^+ inducen toxicidad en la planta, la cual se atribuye a la acidez de la zona radical, a la acumulación de NH_4^+ y a la disminución en la absorción de cationes (K, Ca y Mg), lo que provoca desbalances en su interior.

La presencia de 10 % de $N-NH_4^+$ y 90 % de $N-NO_3^-$ (expresado en meq/L^{-1} en la SN), en general no causa ningún problema (Steiner, 1984).

Jones (1997) señala que el porcentaje del ion NH_4^+ en la SN no debe de exceder del 50 % del total del N. La mejor relación es 75 % $N-NO_3^-$ y 25 % $N-NH_4^+$, aunque este porcentaje depende de la especie, de la etapa de desarrollo especialmente durante la floración, y del inicio de la fructificación, ya que se puede causar una pudrición apical en los frutos; por este motivo se sugiere que el $N-NH_4^+$ se incluya en la solución nutritiva durante las etapas tempranas de crecimiento, y se excluya durante la floración y la fructificación, aunque alguna literatura recomienda utilizar relaciones NH_4^+/NO_3^- para reducir la concentración de NO_3^- en el fruto (Santamaría et al., 1997).

Hageman (1994) señala que las plantas jóvenes absorben el $N-NH_4^+$ más rápidamente que el $N-NO_3^-$. Lo anterior probablemente se debe a que las plantas jóvenes no han desarrollado aún la enzima nitrato-reductasa por lo cual toman el $N-NH_4^+$. A este ion se le conoce como "la golosina" de las plantas, porque la absorben aceleradamente, lo que propicia el rápido crecimiento de las plantas.

En general, el $N-NH_4^+$ no debe de exceder del 50 % del total del N en la SN (Jones, 1997) y el $N-NO_3^-$ el 80 % de la sumatoria total de aniones (Steiner, 1984).

2.5 Temperatura de la solución nutritiva

La temperatura de la SN influye en la absorción de agua y nutrimentos. La temperatura óptima para la mayoría de las plantas es de aproximadamente 22 °C; en la medida que la temperatura disminuye, la absorción y asimilación de los nutrimentos también lo hace (Cornillon, 1988).

Con temperaturas menores a 15 °C se presentan deficiencias principalmente de calcio, fósforo y hierro (Moorby y Graves, 1980).

Por esta razón, con presencia de bajas temperaturas conviene reforzar el suministro de fosfatos, calcio y hierro, además de la utilización de soluciones nutritivas más concentradas en general, durante épocas frías con baja transpiración.

Una de las causas de menor absorción de algunos nutrimentos cuando la temperatura de la SN es baja, se debe a que en esas condiciones la endodermis de la raíz se suberiza, con lo cual se reduce la permeabilidad y disminuye la absorción de agua y nutrimentos (Graves, 1983).

El control de la temperatura de la SN tiene poca importancia en los lugares de clima templado. En las zonas o temporadas frías, es conveniente tener un sistema de calefacción para evitar temperaturas menores a 15 °C. La SN también debe protegerse de la radiación directa de los rayos solares para evitar su calentamiento, y alteración química y microbiológica. La temperatura de la SN debe mantenerse lo más cercana posible a los 22 °C.

2.6 Contenido de oxígeno disuelto

El agua, además de disolver las sales que corresponden a los nutrimentos en forma natural, también lo hace con el oxígeno que requieren las raíces. La temperatura de la SN tiene relación directa con la cantidad de oxígeno que consumen las plantas, e inversa con el oxígeno disuelto en ella.

En la SN a 10 °C, la concentración de saturación es de 10.93 ppm; a 15°C, de 10.2 ppm; a 25°C, de 8.5 ppm; a 35°C, de 7.1 ppm; a 45°C, de 6 ppm de oxígeno (Steiner, 1968; Vestergaard, 1984). A una temperatura menor de 22ºC, el oxígeno disuelto en la SN es suficiente para abastecer la demanda de este nutrimento; sin embargo, el requerimiento es pequeño debido a que se reduce la velocidad de un buen número de procesos fisiológicos, entre ellos la respiración, lo que disminuye la absorción de agua y nutrimentos y, por consiguiente, el crecimiento de la planta (Morard, et al., 2000).

A temperaturas mayores a 22 ºC las condiciones son contrarias, pues la SN no satisface la gran demanda de oxígeno debido a que, a mayor temperatura, aumenta la difusión de este gas. Si la SN tiene altas temperaturas, el crecimiento vegetativo se incrementa en una magnitud mayor a la deseable y disminuye la fructificación (Graves, 1983).

La concentración de oxígeno en la SN también depende de la demanda del cultivo: en la medida en que aumenta el número de plantas, o cuando la actividad fotosintética es mayor, se incrementa el requerimiento de oxígeno (Gunes et al., 1998; Papadopoulous et al., 1999). La disminución en la concentración de oxigeno inhibe la absorción de todos los macronutrimentos, con excepción de los NO_3^-. (Morard et al., 2000). Gislerod y Kempton (1983), señalan que una concentración por debajo de los 3 o 4 mg/L^{-1} de oxigeno disuelto produce una disminución del crecimiento radical y cambia la raíz a un color pardo, lo que se puede considerar como el primer síntoma de la falta del oxígeno.

2.7 Diseño de solución nutritiva

Hasta la fecha, la literatura describe un gran número de soluciones nutritivas utilizadas en cultivos hidropónicos. Schropp (1951) citado por Maldonado (1994) ha descrito más de 60 fórmulas diferentes, Hewitt (1952) por su parte; ha publicado un poco más de 100 soluciones nutritivas. En general, los especialistas en hidroponía han publicado más de 300 soluciones nutritivas distintas para los diferentes cultivos. La mayoría de estas soluciones se han obtenido mezclando los nutrimentos en proporciones diferentes y al azar, y evaluando el desarrollo de un cultivo. Posteriormente se concluye que la mezcla de nutrimentos donde el cultivo desarrolló mejor es una solución nutritiva específica para dicho cultivo. Esta manera de recomendar una solución nutritiva no garantiza que no pueda existir otra solución nutritiva sobre la cual desarrolle mejor el cultivo. Por lo anterior, Steiner (1961) propone que la investigación de la composición de las soluciones nutritivas debe ser sistemática permitiendo probar todas las combinaciones nutrimentales posibles en proporción y en concentración, para ello planteó el método que a continuación se describe.

El estudio sistemático de la influencia que tienen las soluciones nutritivas sobre el desarrollo de los cultivos hidropónicos debe realizarse mezclando los nutrimentos en relaciones o proporciones relativas, de manera similar, a las encontradas en las plantas.

Para ello, las relaciones deben efectuarse entre los nutrimentos nitrógeno, fosforo, potasio, calcio, magnesio y azufre por encontrarse en mayor concentración en el tejido vegetal en condiciones de crecimiento normal de la planta.

La primera relación se constituye por las formas aniónicas nutrimentales siguientes: NO_3^-, $H_2PO_4^-$, (HPO_4^{2-} y PO_4^{3-}) y SO_4^{2-}.

En la segunda relación participan los cationes K^+, Ca^{++} y Mg^{++}. Estas relaciones iónicas, se entienden mejor representadas en un triángulo equilátero cuyos lados son divididos en diez partes iguales, utilizándose separadamente uno para aniones y otro para cationes, como se observa en las Figuras 1 y 2.

El triángulo de la Figura 1 relaciona a los cationes K^+, Ca^{++} y Mg^{++} y el triángulo de la Figura 2 relaciona a los aniones NO_3^-, $H_2PO_4^-$ y $SO4^{2-}$, constituyendo el 100% de cationes y el 100% de aniones, respectivamente.

Este 100% se puede considerar como una relación de peso o como una relación equivalente, siendo esta ultima la más utilizada. Cada lado del triángulo representa la proporción de un ion en particular; la relación de los 3 iones está determinada por referencias a las posiciones relativas de los puntos dentro del triángulo. Por ejemplo, en la Figura 1, cada punto sobre la línea AB corresponde a 0.0% de K, los puntos sobre la línea CD representan 20%, EF 60% y G 100%, de manera similar se hace para Ca^{++} y Mg^{++}; así, el punto de intersección " * " corresponde a la relación catiónica 35% K, 45% Ca y 20% Mg.

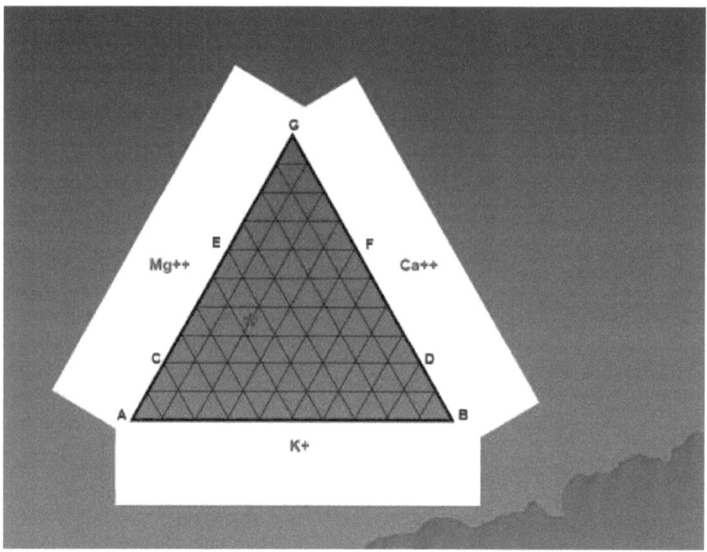

Figura 1. Triangulo que relaciona a los cationes: K^+: Ca^{++}: Mg^{++}.

El mismo procedimiento se sigue para encontrar la relación de aniones en la Figura 2. Aquí el punto " 0 " corresponde a la relación aniónica 60% de NO_3^-, 5% de $H_2PO_4^-$ y 35% de SO_4^{2-}.

Sobreponiendo el triángulo de la Figura 1 sobre el triángulo de la Figura 2 se obtiene la Figura 3 en la cual se observa una relación de cationes representada por " * " y una relación de aniones representada por " 0 ".

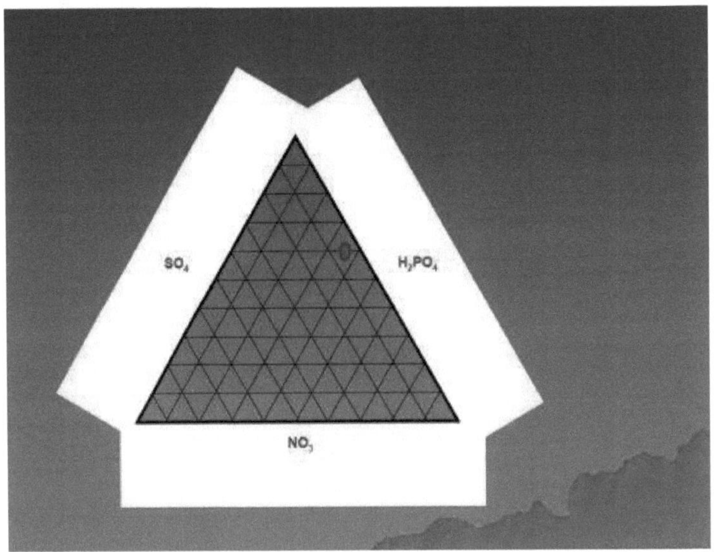

Figura 2. Triangulo que relaciona a los aniones: NO_3^-: $H_2PO_4^-$: SO_4^{2-}.

Estos dos puntos indican la fórmula cuya relación catiónica será 35:45:20 para K^+, Ca^{++} y Mg^{++} respectivamente, y la relación aniónica será 60:5:35 para NO_3^-, $H_2PO_4^-$ y SO_4^{2-} respectivamente. Por lo tanto, cada punto o relación catiónica constituirá una fórmula diferente en cuanto a la proporción de cada uno de sus iones.

Mediante la relación sistemática de los nutrimentos el número de combinaciones posibles es bastante alto, generándose formulas tan diferentes como la alta variación, en proporción, de elementos nutritivos encontrados en las especies vegetales. Es importante reconocer que diversas especies pueden crecer en un mismo suelo bajo la misma condición nutrimental y, al hacer un análisis de sus tejidos, encontraremos una enorme variación entre las relaciones catiónicas y anionicas. Esto es explicado por la capacidad que tienen las plantas para seleccionar la entrada de iones, los cuales serán absorbidos en la cantidad y proporción más conveniente a cada individuo.

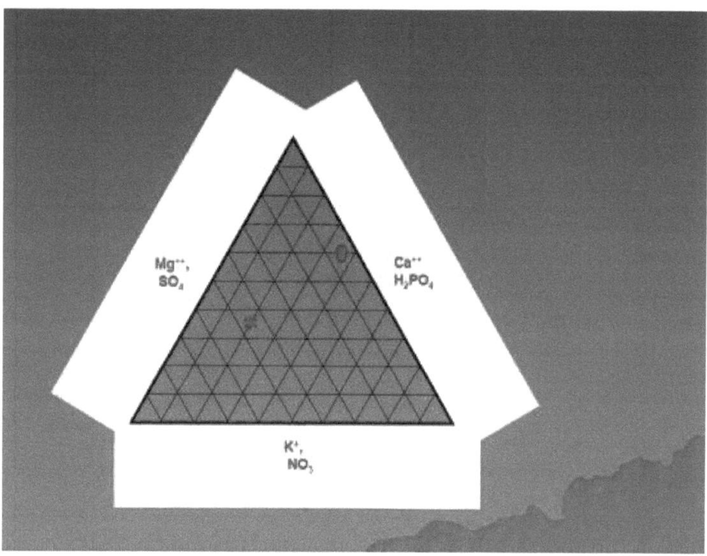

Figura 3. Relación de cationes " * " y aniones " 0 ".

Si suministramos a un cultivo una solución nutritiva con una relación iónica extrema, es decir, donde uno o más iones se encuentran en cantidad alta o por el contrario en cantidad insuficiente, esta podrá influir de manera negativa sobre la producción. Por lo tanto, lo más conveniente será suministrar a la planta una solución nutritiva, que contenga los iones en una relación conveniente de acuerdo a su naturaleza individual. Precisamente esta forma de relacionar los elementos nutritivos nos permite preparar una gran cantidad de soluciones nutritivas y a la vez tener las relaciones nutrimentales más adecuadas para cada cultivo en específico.

Este método, además de controlar las relaciones nutrimentales permite definir la concentración iónica total y por consiguiente a la presión osmótica más adecuada para la planta (no mayor de 0.72 atms dependiendo de la especie) bajo la cual no existen problemas en la absorción de agua y nutrimentos, entonces la planta desarrollará sin dificultad.

El pH de la solución nutritiva es controlado titulando con un ácido o con una base, según su tendencia a ser acido o alcalino y en función del pH a lograr. Con la técnica de Steiner se puede definir el pH, previo a la preparación de la solución y calculando los miliequivalentes de cada nutrimento. Lo anterior, con un margen de error de $\pm$ 0.1 unidad sin necesidad de agregar más H^+ u OH^-. Al final la solución nutritiva preparada por el método de Steiner permite controlar:

> la relación entre cationes
> la relación entre aniones
> el pH
> concentración iónica total y como consecuencia la presión osmótica y calibrarlos en función de las necesidades individuales de la planta.

Si tomamos de los triángulos catiónico y aniónico las relaciones más distintas (aproximadamente 50) y las combinamos entre sí, se obtendrán unas 2,500 fórmulas diferentes; si además, las 2,500 soluciones nutritivas son preparadas a 5 concentraciones iónicas y a 5 diferentes pH(s) se alcanzará un total de 62,500 soluciones nutritivas diferentes. De este gran total, se han probado en laboratorio 1,600 fórmulas y se ha encontrado que algunas de ellas presentan limitación de algunos nutrimentos, otras contienen elementos en un nivel tal que origina problemas de tipo químico, como por ejemplo precipitación de la solución, toxicidad, etc.

Esto ha permitido marcar áreas donde algún ion es limitante y áreas donde otro ion está en un nivel que puede precipitar a otros iones, como se muestra en la Figura 5. Las áreas delimitadas se hicieron para soluciones con diferentes relaciones iónicas y cuya concentración es de 30 mg ion relativo/L (que origina una presión osmótica de 0.72 atm) y para un pH = 6.5.

Las soluciones nutritivas preparadas por este método pretenden lograr una relación entre los aniones, una concentración iónica total controlada y un pH de acuerdo a las necesidades de la planta; para conseguirlo son necesarias ciertas consideraciones como las siguientes.

Existe una relación entre la cantidad de $H_2PO_4^-$ adicionado a la solución nutritiva y la cantidad de OH^- que deben ser adicionados a fin de obtener un cierto pH, de acuerdo a la reacción $\mathbf{H_2PO_4^- + OH^- \leftrightarrow HPO_4^{--} + H_2O}$; la reacción será menor a pH ácido y entre mayor sea el pH que se desee tener en la solución, más alta será la cantidad de OH^- necesarios agregar para mantener el pH.

Esta relación también depende de la proporción relativa de cationes, especialmente la relación existente entre $K^+ : Ca^{++}$. Por lo tanto, el pH depende en gran medida de la proporción de los OH^- y $H_2PO_4^-$, cuya función se describe por la curva de la Figura 4, la cual puede sufrir desplazamientos de acuerdo a la relación $K^+ : Ca^{++}$.

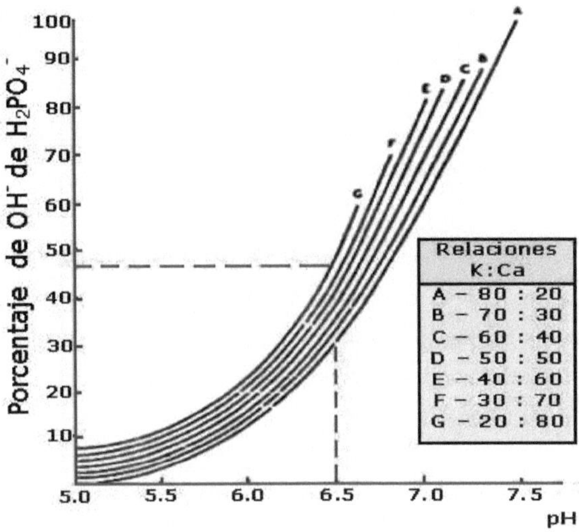

Figura 4. Dependencia de los OH⁻ : $H_2PO_4^-$ a varios pH(s) y en diferentes relaciones K^+: Ca^{++}.

En la anterior figura, el pH está graficado contra la cantidad OH⁻ expresada como un porcentaje de la cantidad de $H_2PO_4^-$, que se convierte en $HPO_4^=$ en la solución; las curvas están dadas para siete distintas relaciones de K^+ : Ca^{++}. Para relaciones K^+ : Ca^{++} intermedias a las aquí representadas, se obtienen por interpolación. Con la ayuda de estas curvas es posible elaborar la SN deseada y realizar los ajustes para lograr el pH requerido.

Para un mejor entendimiento de este método se realiza y explica un ejemplo. Para tal caso, se propone una fórmula cuya relación catiónica es 35:45:20 para K^+: Ca^{2+}: Mg^{2+} respectivamente y una relación anionica de 60:5:35 para NO_3^- : $H_2PO_4^-$: SO_4^{2-} respectivamente; además se considera una concentración total de iones de 30 mg iones relativo/L, lo que se traduce en una presión osmótica de 0.72 atm, a 20ºC de temperatura (30 x 0.024 = 0.72atm.) y un pH de 6.5.

Una vez establecida la relación iónica de la solución nutritiva se busca en la Figura 4 la curva que presente una relación K^+ : Ca^{++} similar a la que se desea preparar y con base al pH, se interpola y calcula la cantidad de $H_2PO_4^-$ que cambia a HPO_4^{2-}. Así, se calcula el porcentaje de HPO_4^{2-} que es necesario neutralizar con cargas positivas, en este caso con los cationes K^+, Ca^{++} y Mg^{++}.

Para nuestro ejemplo, la relación K^+ : Ca^{++} esta entre las curvas D y E, al interpolar las curvas el punto encontrado indica el porcentaje de OH^- consumidos en la reacción ya descrita, cuyo valor en el ejemplo resulto ser 42% de HPO_4^{2-} formado. Esto incrementa las cargas negativas, las cuales deberán ser neutralizadas.

Como el contenido total de fosfatos propuestos en la fórmula es de 5% del total de aniones, se calcula su 42% de OH^- consumido que representa el 2.1 (42 x 5/100). Este último valor son los OH^- combinados con los H^+ liberados por el $H_2PO_4^-$ al cambiar a HPO_4^{2-}. Esto se comprueba de la siguiente manera:

K+ = 2.1 x 0.35 = **0.735**
Ca++ = 2.1 x 0.45 = **0.945**
Mg++ = 2.1 x 0.20 = **0.420**
Comprobación = <u>**2.100**</u>

En el cuadro 2 se representa la relación de cationes y aniones inicialmente propuesta más los ajustes hechos por pH. De aquí en adelante los valores de la suma que aparecen en el cuadro son expresados como miliequivalentes.

Cuadro 2. Suma de la relación propuesta y el ajuste por pH.

Iones	K^+	Ca^{2+}	Mg^{++}	NO_3^-	$H_2PO_4^-$	$SO4^{2-}$
meq/L						
Relación deseada	35	45	20	60	5	35
Extra por pH = 6.5	0.735	0.945	0.420			
meq/L	35.735	45.945	20.420	60	5	35

Para obtener la concentración de iones totales de 30 mg ion relativo por litro, los miliequivalentes son transformados a miligramos de iones relativos dividiendo los miliequivalentes de cada ion entre su número de oxidación, como se muestra en el Cuadro 3.

Cuadro 3. Valores en mg relativos/L^{-1} de cada nutrimento.

Iones	K^+	Ca^{2+}	Mg^{++}	NO_3^-	$H_2PO_4^-$	$SO4^{2-}$	Total
mg/L	35.735	22.972	10.210	60.000	5.000	17.500	**151.417**

El total de **151.417** se utiliza para dividir los miligramos de iones relativos propuestos **(30)** y obtener el factor **(0.198)** que multiplicado por los miligramos relativos de cada ion ajustara la solución a la concentración propuesta inicialmente. Cuadro 4.

Cuadro 4. Valores obtenidos para una concentración de 30 mg de iones relativos por litro.

Iones	K^+	Ca^{2+}	Mg^{++}	NO_3^-	$H_2PO_4^-$	$SO4^{2-}$	Total
mg/L	7.075	4.548	2.021	11.88	0.99	3.465	**30**

El resultado de cada ion se trasforma a miliequivalentes por litro al multiplicarse por su respectivo número de oxidación, resultando los valores del Cuadro 5.

Cuadro 5. Miliequivalentes por litro de cada nutrimento para constituir la solución nutritiva propuesta.

Iones	K^+	Ca^{++}	Mg^{++}	NO_3^-	$H_2PO_4^-$	SO_4^{2-}
meq/L	7.075	9.096	4.042	11.88	0.99	6.93

Al disolver los iones en las concentraciones indicadas, se obtiene una SN que satisface las siguientes condiciones:

- ➢ una relación mutua de cationes deseada
- ➢ una relación mutua de aniones deseada
- ➢ una concentración iónica deseada (30 mg ion relativo/L^{-1})
- ➢ Un pH de 6.5 con una desviación de ± 0.1

En la Figura 5 se pueden observar dentro del triángulo áreas con líneas punteadas que corresponden a los limites fisiológicos (F). Esto indica la proporción mínima y máxima en que un ion puede encontrarse en la solución para que un cultivo inicie su desarrollo. Si estos niveles son rebasados puede haber desarrollo anormal del cultivo.

Por ejemplo, en el área de aniones una proporción abajo del 3% de $H_2PO_4^-$ puede ser insuficiente para cubrir satisfactoriamente las necesidades de las plantas. Así mismo, una proporción de NO_3^- por arriba de 80% puede causar toxicidad. En el área de cationes se ubican límites similares máximos y mínimos para la proporción de K^+ y Mg^{++}.

El área con línea continua indica los límites de precipitación (P). Aquí la proporción de un ion puede precipitar a otro, por ejemplo, un alto contenido de SO_4^{2-} puede precipitar al Ca^{++} como $CaSO_4$, mucho HPO_4^{2-} como $CaHPO_4$.

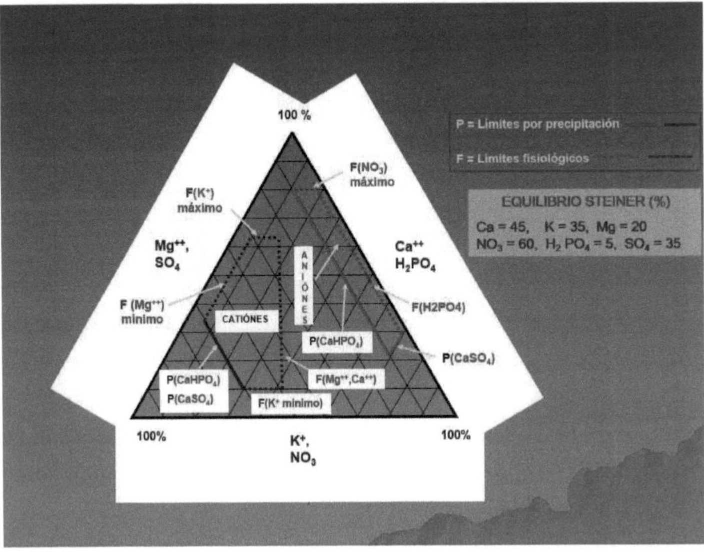

Figura 5. Restricciones en relaciones iónicas equivalentes a 0.72 atm de presión osmótica y un pH de 6.5.

En el área de cationes un aumento en el nivel de Ca^{++} puede también precipitar al SO_4^{2-} y $H_2PO_4^-$ como $CaSO_4$ y $Ca\,(HPO_4)$ respectivamente. Evidentemente los límites de estas áreas son flexibles dependiendo de la concentración iónica total y del pH. Por ejemplo, si la concentración de la solución es baja (digamos 20 mg ion relativo/L que equivale a 0.5 atm.) el límite de precipitación se ampliará y el límite fisiológico se reducirá y ocurrirá lo contrario en caso de aumentar la concentración iónica total. El pH también puede afectar estas áreas.

Si una solución de 30 mg ion relativo/L de concentración se prepara a pH= 5, el límite de precipitación se ampliará, si dicha solución se prepara nuevamente a un pH = 7 el límite de precipitación se estrechará. Esto ocurre porque los elementos que fundamentalmente precipitan son más solubles a pH ácidos. En el caso del fósforo en soluciones acidas se encuentra predominante como $H_2PO_4^-$, y esta especie es altamente soluble en presencia de Ca^{++}; este mismo elemento a pH alcalino está en forma de $H_2PO_4^-$ y cambia a HPO_4^{2-} que es altamente insoluble.

2.8 Manejo de la solución nutritiva

Existe un gran número de factores externos que influyen continuamente sobre la nutrición mineral del cultivo: especie, variedad, etapa fenológica del cultivo, condiciones climáticas, calidad del agua de riego, condiciones físicas, químicas y biológicas del sustrato, sistema de cultivo (recirculante o a solución perdida, entutorado o rastrero, etc.), manejo de la dosificación y frecuencia de riego, etc.

De esta manera, lo conveniente es partir de una solución nutritiva adaptada a las condiciones antes mencionadas, y posteriormente será el propio cultivo el que nos guie sobre cómo reajustar la composición de la solución nutritiva en base a:

- Controles diarios de pH y CE en la solución nutritiva y drenaje
- Análisis químicos periódicos de solución nutritiva, foliar y drenaje
- Sintomatología de la planta
- Condiciones climáticas predominantes
- Estado fenológico
- Intereses comerciales que lleven a forzar o retener el cultivo según el mercado.

Un correcto diagnóstico en cultivo sin suelo debe involucrar los parámetros de la solución nutritiva aplicada, los del medio externo al sustrato (condiciones, climáticas, estado fenológico del cultivo, manejo del mismo, tipo de sustrato, análisis foliar, etc.) y los parámetros correspondientes a la solución del sustrato o del medio radicular, evaluados como análisis de drenaje o de la solución extraída mediante jeringa o sonda de succión del sustrato o determinada por mezcla a determinada proporción de sustrato y agua.

En este último aspecto, aunque podemos adaptarnos a trabajar bajo diferentes métodos, los sustratos inertes (lana de roca, perlita) pueden manejarse correctamente en base al análisis de la solución drenada, mientras que los sustratos químicamente activos (fibra de coco, turbas) se manejan mejor mediante el seguimiento de la solución extraída del sustrato.

También conviene tener en cuenta, en el manejo de las soluciones nutritivas en cultivos sin suelo, que las plantas tienen una capacidad parcial para seleccionar el ratio de absorción de los diferentes nutrientes, de esta forma, no tiene por qué existir una proporción directa entre la absorción de nutrientes y su concentración en el medio de cultivo. Además las distintas especies presentan diferente capacidad de seleccionar nutrientes determinados para su absorción.

El pH de la solución nutritiva se ajusta al valor que permita obtener en el medio radicular los valores óptimos deseados y el nivel de bicarbonatos propuesto. Conviene decir al respecto que existen sustratos (como las arenas con componentes calcáreos) que tienden a elevar sobremanera el pH en la solución del sustrato, por lo que precisan valores de pH de entrada inusualmente bajos.

Otra cuestión respecto al pH de la solución nutritiva es la influencia del balance de absorción cationes / aniones. Cuando un cultivo absorbe mayoritariamente aniones (nitratos principalmente), para el mantenimiento de la neutralidad eléctrica, la raíz libera al medio iones OH^-, lo que incrementa los valores de pH. Esta es una de las razones por las que suele ser normal que en cultivos sin suelo la solución drenada presente valores de pH superiores a la solución nutritiva en 1-2 unidades. Otra razón es la formación de bicarbonato por disolución del CO_2.

Pero en determinados momentos, puede ser mayoritaria la absorción de cationes (fuertes absorciones de potasio suelen ser las responsables), con lo que la raíz libera H^+, para conservar el balance eléctrico y el pH de la solución del sustrato (o del drenaje) desciende respecto a la solución nutritiva. Este es un hecho relativamente común en cultivos como el melón y tomate en el desarrollo de los frutos y comienzo del proceso de maduración. Cuando esto sucede, se ha de suprimir todo aporte de anión NH_4^+, para que la planta absorba la totalidad del nitrógeno en forma nítrica, y también debe reducirse la adición de ácidos en la solución nutritiva.

También destacar que, de forma general, pH ácidos hacen decrecer la absorción de cationes y estimular la de aniones, fundamentalmente porque el H^+ compite con los cationes por los lugares de absorción. Esta situación se invierte a pH elevados, en los que OH^- y HCO_3^-, compiten con los aniones como nitrato, cloruro o fosfato, por sus lugares específicos de absorción.

En cualquier caso deben evitarse valores de pH en la solución nutritiva inferiores a 5 (a pH 4 se dañarían las raíces de la mayoría de cultivos) y superiores a 6.5, con los que bajaría drásticamente la disponibilidad de algunos microelementos.

Existen una serie de nutrientes que, por su dinámica de absorción, precisan concentraciones en la solución de sustrato o de drenaje claramente superiores que en la solución nutritiva (del 50 al 100% más concentrados), para encontrarse en correcto equilibrio. Tal es el caso de calcio, magnesio, sulfatos y boro.

Por el contrario amonio, fosfatos y manganeso interesa encontrarlos en concentraciones inferiores en la solución de sustrato o drenaje que en la solución de entrada. Mientras que la dinámica a seguir por nitratos y potasio, aunque en principio interesan niveles algo superiores de nitratos y más o menos equilibrados en el caso del potasio en la solución del sustrato, dependen mucho de la relación N / K pretendida en función del estado fenológico del cultivo, la radiación predominante y el nivel de cloruros y sodio en el agua de riego.

2.9 Antagonismo y sinergismo

Aspectos a destacar, son las interacciones iónicas, que ocurren cuando el suministro de un nutriente afecta a la absorción, distribución o funciones de algún otro.

Son los conocidos antagonismos y sinergismos entre los diferentes elementos. El antagonismo consiste en que el aumento por encima de cierto nivel en la concentración de un elemento reduce la absorción de otro. Ejemplos: Cl / NO3, Na / Ca, K / Mg, Ca / Mg, Fe / Mn.

Un sinergismo consiste en que el aumento en la concentración de un elemento favorece la absorción de otro. Ejemplos: N / K, P / Mo. Puede darse el caso de existir "sinergismos negativos", donde la carencia de un determinado elemento propicia la deficiencia de otro, como el caso B / Ca, un déficit de boro dificulta la absorción de calcio, si bien es cierto, que ante un exceso de calcio, se comportan como elementos antagónicos, dificultándose la normal absorción de boro.

En muchas ocasiones dos elementos pueden comportarse como sinérgicos o antagónicos en función de sus proporciones relativas, de esta forma si guardan un correcto equilibrio se muestran como sinérgicos, pero si uno de ellos se encuentra en una proporción excesiva, puede reducir o bloquear la absorción de otro.

Es importante mencionar que los elementos móviles en el interior de la planta (nitrógeno, fosforo, potasio, magnesio) manifestarán sus síntomas de deficiencia inicialmente en las hojas adultas o basales. Por el contrario, aquellos elementos que se movilicen con dificultad en el interior de la planta (azufre, calcio, hierro, manganeso, zinc, boro), mostrarán sus síntomas de carencia inicialmente en las partes jóvenes de la planta.

III.   DIAGNÓSTICO NUTRICIONAL

El diagnóstico nutricional de las plantas se realiza a fines de estimar el estado nutricional de un cultivo y predecir sus necesidades nutricionales. Puede dividirse en dos etapas: la primera es la de obtención de datos, fundamentalmente por análisis químico de tejido vegetal (análisis foliar), que puede complementarse con el análisis de suelo, sin embargo en cultivos perennes y cultivos sin suelo (hidroponía) se considera principalmente el análisis de los tejidos.

La segunda etapa es la de interpretación de resultados, en la que se comparan los datos del análisis con valores de referencia. Esta comparación se puede hacer según distintos criterios que dan lugar a los diferentes métodos de diagnóstico (Gárate y Bonilla, 2001).

3.1 Análisis foliar

El empleo del análisis químico del material vegetal, con el fin de realizar un diagnóstico de nutrición, se basa en el hecho de que existe una relación entre el crecimiento de las plantas y el contenido nutricional en la materia vegetal seca o fresca (Gárate y Bonilla, 2001). Jones et al. (1991) mencionaron que el estado nutricional de una planta se refleja mejor por el contenido de los elementos de las hojas que por el de otros órganos. No obstante, distintos factores, como el tipo de elemento, la edad y la especie vegetal, pueden hacer recomendable un muestreo de otro órgano o parte de la planta.

El uso de hojas jóvenes es recomendable para nutrimentos que presentan un grado reducido de movilidad desde las hojas adultas hacia zonas de nuevo desarrollo, como lo son: calcio, azufre, hierro, manganeso, boro y cobre (Taiz y Zeiger, 1998). La situación es otra para los elementos potasio (K), nitrógeno (N) y magnesio (Mg), puesto que sus contenidos permanecen estables en hojas jóvenes. Para estos nutrimentos móviles, son las que mejor indican el estado nutricional de la planta. Si se sospecha que pueden existir problemas de toxicidad, las hojas adultas son las más recomendables para el análisis foliar (Gárate y Bonilla, 2001).

3.2 Métodos de diagnóstico

Los métodos de diagnóstico pueden ser cualitativos, por observación de los síntomas visibles de alteraciones nutricionales, o cuantitativos, basados en los resultados del análisis químico del material vegetal, por comparación con normas y valores de referencia (Montañés *et al.*, 1991).

Método de diagnóstico cualitativo
> ➤ Síntomas visibles de alteraciones nutricionales.

Métodos de diagnóstico cuantitativos
> ➤ Nivel crítico (NC)
> ➤ Intervalo de suficiencia (IS)
> ➤ Índices de balance Kenworthy
> ➤ Diagnóstico diferencial integrado (DDI)
> ➤ Índice de desviación del optimo porcentual (DOP)
> ➤ Sistema integrado de diagnóstico y recomendación (DRIS por sus siglas en ingles)
> ➤ Método de diagnóstico nutrimental compuesto (DNC)

El método de diagnóstico cuantitativo que se implementó en este trabajo para desarrollar la interpretación de los análisis de laboratorio y la recomendación nutricional en los sistemas hidropónicos de producción fue el índice de desviación del óptimo porcentual (DOP).

3.3 Método de diagnóstico cuantitativo (DOP).

Para la interpretación de los datos analíticos y para poder realizar el diagnóstico correcto de una situación nutricional dada, siempre es indispensable disponer de unos valores de referencia que en nuestro caso fueron los óptimos nutricionales para el cultivo de fresa, pimiento y tomate (Reuter y Robinson, 1986).

El índice DOP es definido como la desviación porcentual de la concentración de un elemento (% sobre materia seca) con respecto a la concentración optima considerada valor de referencia. El signo del DOP para un determinado elemento, será negativo en caso de déficit y positivo en caso de exceso. Cuando el contenido de la muestra coincida con el óptimo de referencia el DOP será igual a cero.

El índice de desviación del óptimo porcentual se calcula aplicando la siguiente ecuación (Montañés *et al.*, 1991):

$$DOP = \frac{C \, x \, 100}{Cref} - 100$$

Donde,

C: Concentración foliar (% sobre material seca) del elemento en la muestra analizada.

Cref: Es el óptimo del mismo elemento (% sobre materia seca) definido en las mismas condiciones en que fue tomada la muestra problema y, lógicamente, para el mismo cultivo.

Calculado este DOP para cada uno de los nutrientes minerales considerados o que se incluyeron en el estudio, dispondremos del "panorama" nutricional de la planta y podremos emitir, con suma rapidez, un diagnóstico que permitirá la adecuada toma de decisiones.

Para ilustrar la metodología de cálculo y el proceso de interpretación a continuación se desarrolla un ejemplo: Supongamos que las concentraciones óptimas de los cinco elementos que van a ser utilizados para interpretar el análisis mineral de un determinado cultivo son (en % sobre materia seca):

N: 2.50

P: 0.20

K: 2.00

Ca: 1.70

Mg: 0.50

La muestra, cuyo estado nutritivo se va a diagnosticar, presenta los siguientes contenidos (en tanto porciento sobre materia seca):

N: 3.00

P: 0.15

K: 2.00

Ca: 1.50

Mg: 0.55

Aplicando la formula general los índices DOP de la muestra problema serán:

DOP (N) = ((3.00 x 100)/2.50)-100 = +20

DOP (P) = ((0.15 x 100)/0.20)-100 = -25

DOP (K) = ((2.00 x 100)/2.00)-100 = 0

DOP (Ca) = ((1.50 x 100)/1.70)-100 = -12

DOP (Mg) = ((0.55 x 100)/0.50) -100 = +10

Para la interpretación de estos índices deben tenerse en cuenta las siguientes normas generales:

Los valores negativos del DOP señalan una situación de déficit y los positivos reflejan un exceso del elemento correspondiente. El valor numérico absoluto indica la importancia o gravedad de la situación anómala. Lógicamente, cuando el índice DOP sea cero, el elemento correspondiente se halla en óptima concentración.

El DOP también permite conocer directamente el orden relativo de limitación entre los elementos considerados en base al que ajustar las necesidades de fertilización y que en el supuesto planteado será:

$$P > Ca > K > Mg > N$$

Dado que los correspondientes índices DOP son:

$$-25; -12; 0; 10; 20$$

Pero además permite matizar la situación de los nutrientes definiendo tres categorías: los limitantes por déficit, los limitantes por exceso y aquellos que manifiestan un contenido óptimo.

Así, en el ejemplo expuesto el orden de limitación de los elementos que están por debajo del nivel de nutrición óptimo y que, por tanto, será necesario aumentar en el programa de fertilización correspondiente: **P > Ca.**

El potasio **(K),** con DOP = 0, deberá mantenerse a los niveles detectados en el análisis.

El orden de limitación por exceso, en este caso, será: **N > Mg.**

IV.   INTERPRETACIÓN DE LA INFORMACIÓN ANALÍTICA

En este trabajo se empleó la información de los análisis realizados por el laboratorio Phytomonitor S. A. de la ciudad de Culiacán, Sinaloa.

4.1 Análisis de solución nutritiva (FRESA). Arteaga, Coahuila.

Cuadro 6. Valores de los aniones, cationes, pH y conductividad eléctrica al ingreso (gotero) de la solución nutritiva para el cultivo de fresa.

PARÁMETROS ANALIZADOS	INGRESO meq/L^{-1}
pH	5.50
Conductividad Eléctrica (CE)	1.38
NO_3	5.70
H_2PO_4	0.83
SO_4	5.70
HCO_3	0.40
Cl	1.00
SUMA DE ANIONES (-)	13.63
Na	0.74
K	1.92
Ca	8.23
Mg	2.72
NH_4	0.49
SUMA DE CATIONES (+)	14.10

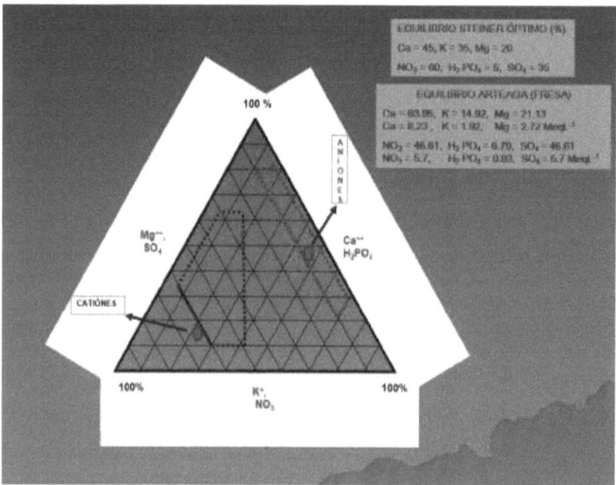

Figura 6. Relación de cationes y aniones de la solución nutritiva para el cultivo de fresa empleada en Arteaga, Coahuila.

4.1.1 Análisis de solución nutritiva (FRESA). Arteaga, Coahuila.

Cuadro 7. Valores de los aniones, cationes, pH y conductividad eléctrica al ingreso (gotero) y egreso (drenaje) de la solución nutritiva para el cultivo de fresa.

Parámetros analizados	Ingreso meq/L^{-1}	Drenaje meq/L^{-1}
pH	5.50	6.31
CE	1.38	3.34
NO_3	5.70	9.10
H_2PO_4	0.83	1.19
SO_4	5.70	20.00
HCO_3	0.4	1.20
Cl	1.0	2.40
SUMA DE ANIONES (-)	13.63	33.89
Na	0.74	3.44
K	1.92	3.91
Ca	8.23	15.47
Mg	2.72	10.29
NH_4	0.49	0.13
SUMA DE CATIONES (+)	14.10	33.24

4.1.2 Análisis foliar (FRESA). Arteaga, Coahuila.

Cuadro 8. Valores de los aniones y cationes del análisis foliar para el cultivo de fresa y el resultado del orden de requerimiento de los nutrimentos de acuerdo con la referencia Reuter y Robinson (1986) y la técnica de la desviación del óptimo porcentual (DOP).

ELEMENTOS	ANÁLISIS ARTEAGA, COAH. (%)	REFERENCIA (%) REUTER y ROBINSON (1986)	DESV. ÓPTIMO (%)
ANIONES			
$N-NO_3$	0.14	0.08	75.00
$P-PO_4$	0.40	0.40	0.00
$S-SO_4$	0.09	0.15	-40.00
CATIONES			
K	2.50	2.00	25.00
Ca	1.19	1.50	-20.70
Mg	0.37	0.50	-26.00
ORDEN DE REQUERIMIENTO S > Mg > Ca > P > K > NO_3			

4.1.3 Análisis foliar microelementos (FRESA). Arteaga, Coahuila.

Cuadro 9. Valores de los microelementos del análisis foliar para el cultivo de fresa y el resultado del orden de requerimiento de aniones, cationes y microelementos de acuerdo con la referencia Reuter y Robinson (1986) y la técnica de la desviación del optimo porcentual (DOP).

ELEMENTOS	ANÁLISIS ARTEAGA, COAH. (ppm)	REFERENCIA (ppm) REUTER Y ROBINSON (1986)	DESV. ÓPTIMO (%)
Fe	68.00	135.00	-49.60
Zn	22.00	40.00	-45.00
Cu	1.00	7.50	-86.70
Mn	91.00	200.00	-54.50
B	37.00	40.00	-7.50
ORDEN DE REQUERIMIENTO			
$Cu > Mn > Fe > Zn > S > Mg > Ca > B > P > K > NO_3$			
-86.70> -54.50> -49.60> -45.00> -40.00> -26.00> -20.70> -7.50> 0.00> 25.00> 75.00			

El orden de requerimiento nutricional para el cultivo de fresa de Arteaga, Coahuila, indica la sintomatología que presenta el cultivo en las imágenes de las Figuras 7, 8 y 9.

Figura 7. Vista panorámica del cultivo de fresa el cual presenta una problemática nutricional. Arteaga, Coahuila.

Figura 8. Daños en las hojas de las plantas de fresa debido a la ausencia de algunos nutrimentos como calcio (Ca++).

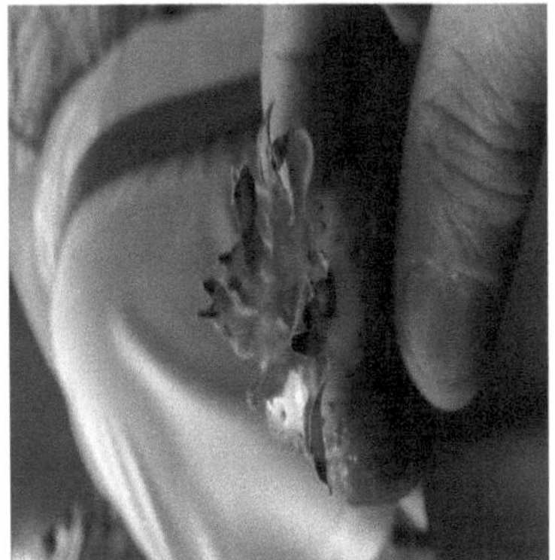

Figura 9. Rajado de frutos, consecuencia de la deficiencia de diversos nutrimentos.

4.1.4 Recomendación para (FRESA). Arteaga, Coahuila.

La recomendación para Arteaga, Coahuila es implementar la dilución iónica empleada por productores de fresa en el estado de Chihuahua.

Cuadro 10. Valores de los aniones, cationes, pH y conductividad eléctrica de la solución nutritiva empleada por productores de fresa en el estado Chihuahua.

PARÁMETROS ANALIZADOS	INGRESO meq/L-1
pH	5.83
Conductividad Eléctrica (CE)	1.61
NO_3	10.30
H_2PO_4	1.40
SO_4	4.40
HCO_3	0.00
Cl	0.00
SUMA DE ANIONES (-)	16.1
Na	0.00
K	7.30
Ca	6.20
Mg	2.60
NH_4	3.00
SUMA DE CATIONES (+)	16.1

Cuadro 11. Diseño de la dilución final iónica empleada por productores de fresa en el estado de Chihuahua (incluida el agua de riego de Arteaga, Coahuila).

	Ca	Mg	K	NO_3	SO_4	H_2PO_4	HCO_3
			meq/L				
S.N.	6.20	2.60	7.30	10.30	4.40	1.40	4.25
A.R.	3.57	1.91	---------	0.36	0.56	--------	4.75
APORTES	2.63	0.69	7.30	9.94	3.84	1.40	4.25

	NO3	H2PO4	SO4	TOTAL			
Ca	2.63			2.63			
Mg	0.69			0.69			
K	6.30	1.00		7.30			
H		0.41	3.84	4.25			
TOTAL	9.20	1.41	3.84	14.87	OK	NH4 >	INVIERNO
				14.45	OK		

Fe=1.5	Mn=0.8	Zn=0.65	B=0.27	Cu=0.05		Mo= 0.05	CHIHUAHUA
Fe=0.65	Mn=0.3	Zn=0.26	B=0.29	Cu=0.00		Mo= 0.00	ARTEAGA

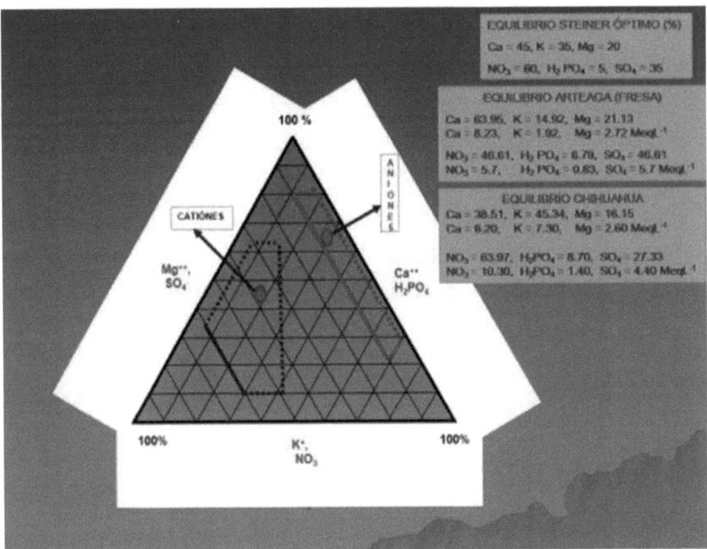

Figura 10. Relación de cationes y aniones de la solución nutritiva para el cultivo de fresa empleada en Chihuahua.

En esta recomendación cuya relación catiónica es 45:39:16 para K^+: Ca^{++}: Mg^{++} respectivamente y una relación anionica de 64:9:27 para NO_3^-: $H_2PO_4^-$: SO_4^{2-} respectivamente; además consideramos una concentración iónica de 24 mg ion relativo, lo que se traduce en una presión osmótica de 0.58 atm, a 20ºC de temperatura (24 x 0.024 = 0.58atm.). El pH que se desea para la solución recomendada será de 6.2.

En base a la relación iónica de la solución recomendada (Chihuahua) y de acuerdo a la gráfica de la Figura 4, la curva que presenta una relación K^+: Ca^{++} similar a la que se desea preparar está entre las curvas C y D, al interpolar las curvas el punto encontrado indica el porcentaje de OH- cuyo valor es de 23% de HPO_4^{2-} formado.

Como el contenido total de fosfatos propuestos en la fórmula es de 9% del total de aniones, se calcula su 23% de OH^- consumido que representa el 2.07 que es el resultado de la operación siguiente: (23 x 9/100). Este último valor representa los OH^- combinados con los H^+ liberados por el $H_2PO_4^-$ al cambiar a HPO_4^{2-}. Esto se comprueba de la siguiente manera:

K+ = 2.07 x 0.45 = **0.9315**

Ca++ = 2.07 x 0.39 = **0.8073**

Mg++ = 2.07 x 0.16 = **0.3312**

Comprobación = <u>2.07</u>

Cuadro 12. Suma de la relación propuesta y el ajuste por pH

Iones	K^+	Ca^{2+}	Mg^{++}	NO_3^-	$H_2PO_4^-$	$SO4^{2-}$
			meq/L			
Relación deseada	45	39	16	64	9	27
Extra por pH = 6.2	0.9315	0.8073	0.3312			
meq/L	45.9315	39.8073	16.3312	64	9	27

Para obtener la concentración de iones totales de 24 mg ion relativo por litro, los miliequivalentes son transformados a miligramos de iones relativos dividiendo los miliequivalentes de cada ion entre su número de oxidación. Cuadro 13.

Cuadro 13. Valores en mg relativos por litro de cada nutrimento.

Iones	K^+	Ca^{2+}	Mg^{++}	NO_3^-	$H_2PO_4^-$	$SO4^{2-}$	**Total**
mg/L	45.9315	19.9036	8.1656	64.000	9.000	13.5	**160.500**

El total de **160.500** se utiliza para dividir los miligramos de iones relativos propuestos **(24)** y obtener el factor **(0.149)** que multiplicado por los miligramos relativos de cada ion ajustará la solución a la concentración propuesta inicialmente. Cuadro 14.

Cuadro 14. Valores obtenidos para una concentración de 24 mg de iones relativos por litro.

Iones	K^+	Ca^{2+}	Mg^{++}	NO_3^-	$H_2PO_4^-$	$SO4^{2-}$	**Total**
mg/L	6.843	2.965	1.216	9.536	1.341	2.011	**24**

El resultado de cada ion se transforma a miliequivalentes por litro al multiplicarse por su respectivo número de oxidación. Resultando los valores del cuadro 15.

Cuadro 15. Miliequivalentes por litro de cada nutrimento para constituir la solución nutritiva propuesta.

Iones	K^+	Ca^{++}	Mg^{++}	NO_3^-	$H_2PO_4^-$	SO_4^{2-}
meq/L	6.843	5.93	2.432	9.536	1.341	4.022

Al disolver los iones en las concentraciones indicadas, se obtiene una SN que satisface las siguientes condiciones:

- ➢ una relación mutua de cationes deseada
- ➢ una relación mutua de aniones deseada
- ➢ una concentración iónica deseada (24 mg ion relativo/L^{-1})
- ➢ Un pH de 6.2 con una desviación de ± 0.1

4.1.5 Evolución del cultivo de fresa sometido a los tratamientos recomendados a la solución nutritiva de Arteaga, Coahuila.

Cuadro 16. Solución nutritiva del **tratamiento 1** la cual presenta un **pH= 5.6**, una **CE= 1.6** y valores idénticos a los de la solución nutritiva para el cultivo de fresa empleada en Arteaga, Coahuila.

	Macroelementos							
	NO_3	H_2PO_4	SO_4	HCO_3	NH_4	K	Ca	Mg
meq/ L	5.7	0.83	5.7	---------	0.49	1.92	8.23	2.7
	Microelementos							
	Fe	Zn	Cu	Mn	B	Mo		
ppm	0.65	0.26	--------	0.41	0.29	--------		

Figura 11. Planta de fresa representativa del tratamiento 1.

Figura 12. Vista panorámica del tratamiento 1 del cultivo de fresa establecido en el sistema hidropónico NGS. Saltillo, Coahuila.

Cuadro 17. Solución nutritiva del tratamiento 2 la cual presenta un pH= 6.0, una CE= 1.6, valores idénticos de los macroelementos y la recomendación del ajuste de los microelementos.

	Macroelementos							
	NO_3	H_2PO_4	SO_4	HCO_3	NH_4	K	Ca	Mg
meq/ L	5.7	0.83	5.7	---------	0.49	1.92	8.23	2.7
	Microelementos							
	Fe	Zn	Cu	Mn	B	Mo		
ppm	1.5	0.4	0.5	0.65	0.4	0.05		

Figura   13. Planta de fresa representativa del tratamiento 2.

Figura   14. Vista panorámica del tratamiento 2 del cultivo de fresa establecido en el sistema hidropónico NGS. Saltillo, Coahuila.

Cuadro 18. Solución nutritiva del **tratamiento 3** la cual presenta un **pH= 6.4**, una **CE= 2.2** y la recomendación del ajuste de los macro y microelementos.

	Macroelementos							
	NO_3	H_2PO_4	SO_4	HCO_3	NH_4	K	Ca	Mg
meq/ L	10.3	1.4	4.4	---------	--------	7.3	6.20	2.6
	Microelementos							
	Fe	Zn	Cu	Mn	B	Mo		
ppm	1.5	0.4	0.5	0.65	0.4	0.05		

Figura 15. Planta de fresa representativa del tratamiento 3.

Figura 16. Vista panorámica del tratamiento 3 del cultivo de fresa establecido en el sistema hidropónico NGS. Saltillo, Coahuila.

4.2 Análisis solución nutritiva (PIMIENTO). Culiacán, Sinaloa.

Cuadro 19. Valores de los aniones, cationes, pH y conductividad eléctrica al ingreso (gotero) de la solución nutritiva para el cultivo de pimiento, empleada en el lote 1 y lote 2.

PARÁMETROS ANALIZADOS	INGRESO meq/L^{-1}
pH	5.8
Conductividad Eléctrica (CE)	2.26
NO_3	11.5
H_2PO_4	1.73
SO_4	7.4
HCO_3	0.8
Cl	1.2
SUMA DE ANIONES (-)	22.63
Na	4.52
K	4.42
Ca	8.68
Mg	4.11
NH_4	1.31
SUMA DE CATIONES (+)	23.04

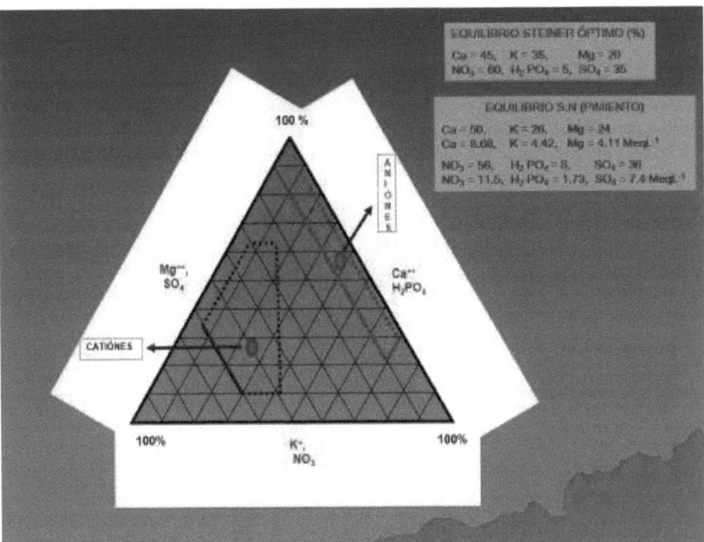

Figura 17. Relación de cationes y aniones de la solución nutritiva para el cultivo de pimiento empleada en el lote 1 y lote 2. Culiacán, Sinaloa.

4.2.1 Análisis de solución nutritiva (PIMIENTO). Culiacán, Sinaloa.

Cuadro 20. Valores de los aniones, cationes, pH y conductividad eléctrica al ingreso (gotero) y egreso (drenaje) de la solución nutritiva para el cultivo de pimiento, empleada en el lote 1 y lote 2.

Parámetros analizados	Ingreso meq/L^{-1}	Drenaje meq/L^{-1}
pH	5.8	5.79
CE	2.26	3.46
NO_3	11.5	15.8
H_2PO_4	1.73	2.56
SO_4	7.4	14.2
HCO_3	0.8	1
Cl	1.2	1.4
SUMA DE ANIONES (-)	22.63	34.96
Na	4.52	8.18
K	4.42	5.22
Ca	8.68	13.82
Mg	4.11	6.99
NH_4	1.31	0.15
SUMA DE CATIONES (+)	23.04	34.36

4.2.2 Análisis foliar lote 1 (PIMIENTO). Culiacán, Sinaloa.

Cuadro 21. Valores de los aniones y cationes del análisis foliar para el cultivo de pimiento lote 1 y el resultado del orden de requerimiento de los nutrimentos de acuerdo con la referencia de Phytomonitor para el azufre (S), la de Reuter y Robinson (1986) para los demás elementos y la técnica de la desviación del optimo porcentual (DOP).

ELEMENTOS	ANÁLISIS LOTE 1 CULIACÁN, SIN. (%)	REFERENCIA (%) REUTER Y ROBINSON (1986)	DESV. ÓPTIMO (%)
ANIONES			
$N-NO_3$	0.6	0.7	-14.30
$P-PO_4$	0.36	0.25	44.00
$S-SO_4$	0.47	0.27 Phytomonitor	74.10
CATIONES			
K	5.9	5	18.00
Ca	1.89	2.5	-24.40
Mg	0.5	0.7	-28.60
ORDEN DE REQUERIMIENTO Mg > Ca > NO_3 > K > P > S			

4.2.3 Análisis foliar microelementos lote 1 (PIMIENTO). Culiacán, Sinaloa.

Cuadro 22. Valores de los microelementos del análisis foliar para el cultivo de pimiento lote 1 y el resultado del orden de requerimiento de aniones, cationes y microelementos de acuerdo con la referencia de Phytomonitor para hierro (Fe), la de Reuter y Robinson (1986) para los demás microelementos y la técnica de la desviación del optimo porcentual (DOP).

ELEMENTOS	ANÁLISIS LOTE 1 CULIACÁN, SIN. (ppm)	REFERENCIA (ppm) REUTER Y ROBINSON (1986)	DESV. ÓPTIMO (%)
Fe	110.00	100.00 Phytomonitor	10.00
Zn	25.00	147.00	-83.00
Cu	250.00	100.00	150.00
Mn	112.00	163.00	-31.30
B	38.00	65.00	-41.53
ORDEN DE REQUERIMIENTO			
$Zn > B > Mn > Mg > Ca > NO_3 > Fe > K > P > S > Cu$			
-83.00> -41.53> -31.30> -28.60> -24.40> -14.30> 10.00> 18.00> 44.10> 74.10> 150.00			

4.2.4 Análisis foliar lote 2 (PIMIENTO). Culiacán, Sinaloa.

Cuadro 23. Valores de los aniones y cationes del análisis foliar para el cultivo de pimiento lote 2 y el resultado del orden de requerimiento de los nutrimentos de acuerdo con la referencia de Phytomonitor para el azufre (S), la de Reuter y Robinson (1986) para los demás elementos y la técnica de la desviación del óptimo porcentual (DOP).

ELEMENTOS	ANÁLISIS LOTE 2 CULIACÁN, SIN. (%)	REFERENCIA (%) REUTER Y ROBINSON (1986)	DESV. ÓPTIMO (%)
ANIONES			
$N-NO_3$	0.33	0.7	-52.85
$P-PO_4$	0.31	0.25	24.00
$S-SO_4$	0.35	0.27 Phytomonitor	29.62
CATIONES			
K	6.5	5	30.00
Ca	2.03	2.5	-18.80
Mg	0.52	0.7	-25.71
ORDEN DE REQUERIMIENTO $NO_3 > Mg > Ca > P > S > K$			

4.2.5 Análisis foliar microelementos lote 2 (PIMIENTO). Culiacán, Sinaloa.

Cuadro 24. Valores de los microelementos del análisis foliar para el cultivo de pimiento lote 2 y el resultado del orden de requerimiento de aniones, cationes y microelementos de acuerdo con la referencia de Phytomonitor para el hierro (Fe), la de Reuter y Robinson (1986) para los demás microelementos y la técnica de la desviación del optimo porcentual (DOP).

ELEMENTOS	ANÁLISIS LOTE 2 CULIACÁN, SIN. (ppm)	REFERENCIA (ppm) REUTER Y ROBINSON (1986)	DESV. ÓPTIMO (%)
Fe	122.00	100.00 Phytomonitor	22.00
Zn	20.00	147.00	-86.40
Cu	49.00	100.00	-51.00
Mn	97.00	163.00	-40.50
B	66.00	65.00	1.53
ORDEN DE REQUERIMIENTO			
Zn > NO₃ > Cu > Mn > Mg > Ca > B > Fe > P > S > K			
-86.40> -52.85> -51.00> -40.50> -25.71> -18.80> 1.53> 22.00> 24.00> 29.62> 30.00			

El orden de requerimiento nutricional para los lotes uno y dos del cultivo de pimiento de Culiacán, Sinaloa, indica que la sintomatología que presentará el cultivo será similar a la que se muestra en las imágenes de las Figuras 18, 19 y 20.

Figura 18. Síntomas de deficiencia de zinc (Zn) en la planta de pimiento.

Figura 19. Síntomas de deficiencia de boro (B) en la planta de pimiento.

Figura 20. Síntomas de deficiencia de manganeso (Mn) en la planta de pimiento.

4.3 Análisis solución nutritiva sector 1 (TOMATE). Culiacán, Sinaloa.

Cuadro 25. Valores de los aniones, cationes, pH y conductividad eléctrica al ingreso (gotero) de la solución nutritiva para el cultivo de tomate, empleada en el sector 1.

PARÁMETROS ANALIZADOS	INGRESO meq/L^{-1}
pH	6.11
Conductividad Eléctrica (CE)	2.88
NO$_3$	14.5
H$_2$PO$_4$	1.73
SO$_4$	7.4
HCO$_3$	1.2
Cl	3.6
SUMA DE ANIONES (-)	28.43
Na	4.57
K	7.57
Ca	10.48
Mg	4.94
NH$_4$	1.49
SUMA DE CATIONES (+)	29.05

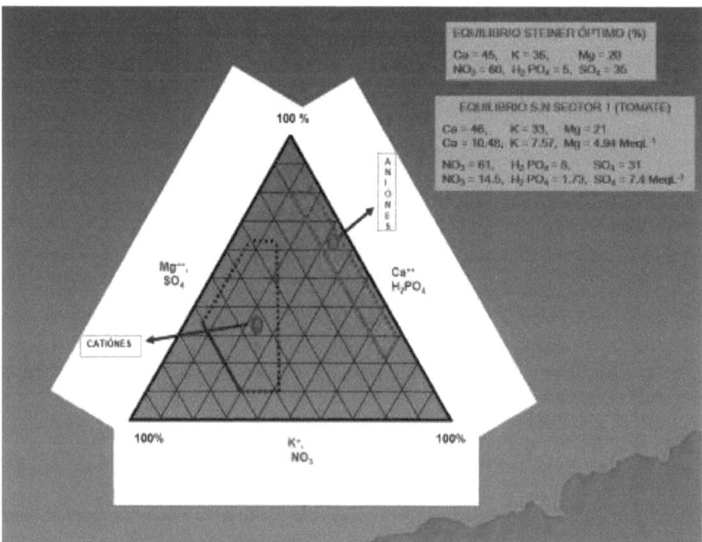

Figura 21. Relación de cationes y aniones de la solución nutritiva para el cultivo de tomate empleada en el sector 1. Culiacán, Sinaloa.

4.3.1 Análisis solución nutritiva sector 1 (TOMATE). Culiacán, Sinaloa.

Cuadro 26. Valores de los aniones, cationes, pH y conductividad eléctrica al ingreso (gotero) y egreso (drenaje) de la solución nutritiva para el cultivo de tomate, empleada en el sector 1.

Parámetros analizados	Ingreso meq/L^{-1}	Drenaje meq/L^{-1}
pH	6.11	5.53
CE	2.88	4.26
NO$_3$	14.5	19.1
H$_2$PO$_4$	1.73	2.17
SO$_4$	7.4	16
HCO$_3$	1.2	0.8
Cl	3.6	4.4
SUMA DE ANIONES (-)	28.43	42.47
Na	4.57	10.27
K	7.57	7.85
Ca	10.48	15.47
Mg	4.94	9.22
NH$_4$	1.49	0.22
SUMA DE CATIONES (+)	29.05	43.03

4.3.2 Análisis foliar sector 1 (TOMATE). Culiacán, Sinaloa.

Cuadro 27. Valores de los aniones y cationes del análisis foliar para el cultivo de tomate sector 1 y el resultado del orden de requerimiento de los nutrimentos de acuerdo con la referencia Reuter y Robinson (1986) y la técnica de la desviación del óptimo porcentual (DOP).

ELEMENTOS	ANÁLISIS SECTOR 1 CULIACÁN, SIN. (%)	REFERENCIA (%) REUTER Y ROBINSON (1986)	DESV. ÓPTIMO (%)
ANIONES			
N-NO$_3$	0.98	1.5	-34.70
P-PO$_4$	0.81	0.6	35.00
S-SO$_4$	0.19	1.25	-84.80
CATIONES			
K	7.2	4	80.00
Ca	1.68	2.7	-37.80
Mg	0.6	0.6	0.00
ORDEN DE REQUERIMIENTO S > Ca > NO$_3$ > Mg > P > K			

4.3.3 Análisis foliar microelementos sector 1 (TOMATE). Culiacán, Sinaloa.

Cuadro 28. Valores de los microelementos del análisis foliar para el cultivo de tomate sector 1 y el resultado del orden de requerimiento de aniones, cationes y microelementos de acuerdo con la referencia de Phytomonitor para manganeso (Mn), la de Reuter y Robinson (1986) para los demás microelementos y la técnica de la desviación del óptimo porcentual (DOP).

ELEMENTOS	ANÁLISIS SECTOR 1 CULIACÁN, SIN. (ppm)	REFERENCIA (ppm) REUTER Y ROBINSON (1986)	DESV. ÓPTIMO (%)
Fe	121.00	200.00	-39.50
Zn	56.00	25.00	124.00
Cu	96.00	12.00	700.00
Mn	87.00	80.00 Phytomonitor	8.75
B	48.00	52.00	-7.70
ORDEN DE REQUERIMIENTO			
$S > Fe > Ca > NO_3 > B > Mg > Mn > P > K > Zn > Cu$			
-84.80> -39.50> -37.80> -34.70> -7.70> 0.00> 8.75> 35.00> 80.00> 124.00> 700.00			

4.4 Análisis solución nutritiva sector 2 (TOMATE). Culiacán, Sinaloa.

Cuadro 29. Valores de los aniones, cationes, pH y conductividad eléctrica al ingreso (gotero) de la solución nutritiva para el cultivo de tomate, empleada en el sector 2.

PARÁMETROS ANALIZADOS	INGRESO meq/L^{-1}
pH	6.05
Conductividad Eléctrica (CE)	2.8
NO$_3$	12.4
H$_2$PO$_4$	1.47
SO$_4$	9
HCO$_3$	1.4
Cl	3.8
SUMA DE ANIONES (-)	28.07
Na	4.61
K	7.47
Ca	10.13
Mg	5.27
NH$_4$	1.09
SUMA DE CATIONES (+)	28.57

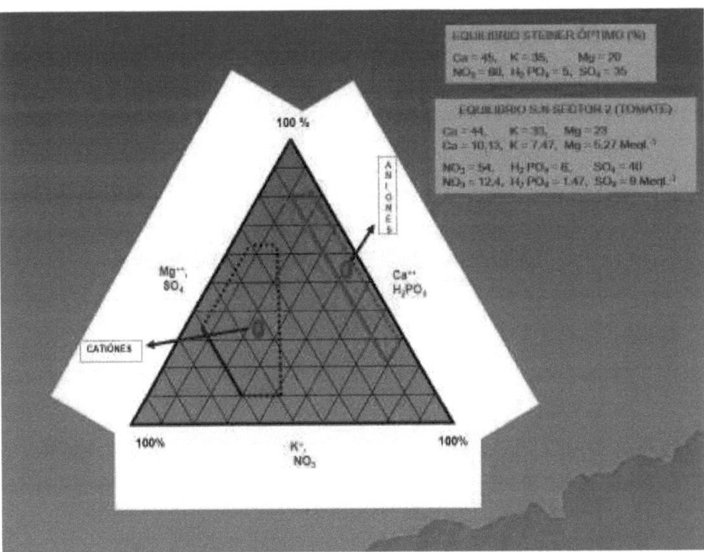

Figura 22. Relación de cationes y aniones de la solución nutritiva para el cultivo de tomate empleada en el sector 2. Culiacán, Sinaloa.

4.4.1 Análisis solución nutritiva sector 2 (TOMATE). Culiacán, Sinaloa.

Cuadro 30. Valores de los aniones, cationes, pH y conductividad eléctrica al ingreso (gotero) y egreso (drenaje) de la solución nutritiva para el cultivo de tomate, empleada en el sector 2.

Parámetros analizados	Ingreso meq/L^{-1}	Drenaje meq/L^{-1}
pH	6.05	6.8
CE	2.8	4.49
NO_3	12.4	16.5
H_2PO_4	1.47	1.52
SO_4	9	17.5
HCO_3	1.4	1.8
Cl	3.8	8
SUMA DE ANIONES (-)	28.07	45.32
Na	4.61	11
K	7.47	9.85
Ca	10.13	12.58
Mg	5.27	11.27
NH_4	1.09	0.1
SUMA DE CATIONES (+)	28.57	44.80

4.4.2 Análisis foliar sector 2 (TOMATE). Culiacán, Sinaloa.

Cuadro 31. Valores de los aniones y cationes del análisis foliar para el cultivo de tomate sector 2 y el resultado del orden de requerimiento de los nutrimentos de acuerdo con la referencia Reuter y Robinson (1986) y la técnica de la desviación del óptimo porcentual (DOP).

ELEMENTOS	ANÁLISIS SECTOR 2 CULIACÁN, SIN. (%)	REFERENCIA (%) REUTER Y ROBINSON (1986)	DESV. ÓPTIMO (%)
ANIONES			
$N\text{-}NO_3$	0.84	1.5	-44.00
$P\text{-}PO_4$	0.46	0.6	-23.33
$S\text{-}SO_4$	0.19	1.25	-84.80
CATIONES			
K	5.4	4	35.00
Ca	1.39	2.7	-48.51
Mg	0.51	0.6	-15.00
ORDEN DE REQUERIMIENTO S > Ca > NO_3 > P > Mg > K			

4.4.3 Análisis foliar microelementos sector 2 (TOMATE). Culiacán, Sinaloa.

Cuadro 32. Valores de los microelementos del análisis foliar para el cultivo de tomate sector 2 y el resultado del orden de requerimiento de aniones, cationes y microelementos de acuerdo con la referencia de Phytomonitor para manganeso (Mn), la de Reuter y Robinson (1986) para los demás microelementos y la técnica de la desviación del optimo porcentual (DOP).

ELEMENTOS	ANÁLISIS SECTOR 2 CULIACÁN, SIN. (ppm)	REFERENCIA (ppm) REUTER Y ROBINSON (1986)	DESV. ÓPTIMO (%)
Fe	119.00	200.00	-40.50
Zn	43.00	25.00	72.00
Cu	26.00	12.00	116.70
Mn	98.00	80.00 Phytomonitor	22.50
B	45.00	52.00	-13.50
ORDEN DE REQUERIMIENTO			
$S > Ca > NO_3 > Fe > P > Mg > B > Mn > K > Zn > Cu$			
-84.80> -48.51> -44.00> -40.50> -23.33> -15.00> -13.50> 22.50> 35.00> 72.00> 116.70			

El orden de requerimiento nutricional para los sectores uno y dos del cultivo de tomate de Culiacán, Sinaloa, indica que la sintomatología que presentará el cultivo será similar a la que se muestra en las imágenes de las Figuras 23, 24 y 25.

Figura 23. Síntomas de deficiencia de hierro (Fe) en la planta de tomate.

Figura 24. Pudrición apical de frutos, síntoma más característico por la deficiencia de calcio (Ca) en tomate.

Figura 25. Síntomas de deficiencia de boro (B) en frutos de tomate.

V.   INTERACCIONES ENTRE ELEMENTOS NUTRITIVOS

Las interacciones entre los elementos nutritivos y los microelementos, y de los microelementos entre sí, pueden dar lugar a carencias inducidas o a absorciones exacerbadas de alguno de ellos. De los tres macroelementos primarios (N, P y K), es el fósforo (P) el que presenta las interacciones más importantes con los oligoelementos, de manera que una fertilización fosfatada muy elevada puede provocar reducciones en la asimilación del hierro (Fe), cobre (Cu) y sobre todo del zinc (Zn), y aumentar la asimilación de boro (B) y molibdeno (Mo). Espinoza (2010) lo ha descrito como se muestra en el cuadro 33.

La absorción de la mayor parte de los microelementos está influenciada por las interacciones con los demás elementos nutritivos. Por ejemplo, las interacciones P/Zn, Fe/Zn, Cu/Mo son fuertemente negativas.

Cuadro 33. Interacción y efectos negativos y positivos entre elementos nutritivos y los microelementos, y de los microelementos entre sí (Espinoza, 2010).

Elemento	Efecto de los macro elementos.	Efectos de los otros microelementos.
Hierro (Fe)	Fósforo (P) negativo, Potasio (K) variable (más bien positivo)	Manganeso (Mn), Cobre (Cu), Zinc (Zn), Molibdeno (Mo) más bien negativos, en orden decreciente
Manganeso (Mn)		Hierro (Fe) muy negativo
Zinc (Zn)	Fósforo (P) muy negativo, Nitrógeno (N) variable (efecto dilución negativo, depende forma N)	Interferencia con el hierro (Fe) en la planta
Cobre (Cu)	Nitrógeno (N) y Fósforo (P) negativos	Zinc (Zn) un poco negativa
Boro (B)	Nitrógeno (N) negativo, Fósforo (P) positivo, Potasio (K) variable, Calcio (Ca) negativo	Poco importantes, Manganeso (Mn) ligeramente positivo, deficiencia de Cobre (Cu) efecto negativo sobre Boro (B)
Molibdeno (Mo)	Fósforo (P) positivo, Azufre (S) negativo	Hierro (Fe) netamente negativo, Manganeso (Mn) y Cobre (Cu) negativos

VI.   RECOMENDACIÓN PARA PIMIENTO Y TOMATE

Antes de hacer ajustes en macro y meso elementos corregir los microelementos haciendo las debidas aportaciones y posteriormente realizar un análisis foliar.

Cuadro 34. Orden de requerimiento de los cultivos de pimiento y tomate y su interacción y efecto con los macro y microelementos en base al cuadro de Espinoza (2010).

Localidad	Orden de requerimiento	Efecto de los macro elementos	Efecto de los microelementos
Lote 1 (pimiento)	Zn> B> Mn> Mg> Ca> NO$_3$> K> P> S> Fe> Cu	fosforo (P) efecto negativo sobre zinc (Zn)	Interferencia entre hierro (Fe) y zinc (Zn) en la planta
Lote 2 (pimiento)	Zn> Cu> Mn> NO$_3$> Mg> Ca> P> S> K> B> Fe	fosforo (P) efecto negativo sobre zinc (Zn) y cobre (Cu)	Interferencia entre hierro (Fe) y zinc (Zn) en la planta
Sector 1 (tomate)	Fe> B> S> Ca> NO$_3$> Mg> P> K> Mn> Zn> Cu	fosforo (P) efecto negativo sobre hierro (Fe)	Reducción de hierro (Fe) por concentración de zinc (Zn) y cobre (Cu)
Sector 2 (tomate)	Fe> B> S> Ca> NO$_3$> P> Mg> K> Mn> Zn> Cu		Reducción de hierro (Fe) por concentración de zinc (Zn) y cobre (Cu)

VII. CONCLUSIÓN

La técnica empleada en este trabajo sólo podrá ser evaluada hasta contar nuevamente con análisis de cada uno de los componentes de los sistemas de producción de los cultivos en cuestión. La técnica de desviación del óptimo porcentual será de gran ayuda. Reducciones en las cifras de las sumatorias de valores absolutos para cada sistema de producción serán indicadores de la mejora en los balances nutricionales de cada especie vegetal.

VIII. LITERATURA CITADA

Adams, P. and L.C. Ho. 1992. The susceptibility of modern tomato cutivars to blossom-end rot in relation to salinity. J. Hort. Sci. 67: 827-839.

Adams, P. 1994. Nutrition of greenhouse vegetables in NFT and hydroponic systems. Acta Hort. 361: 245-257.

Adams, P. 1994b. Some effects of the environment on the nutrition of greenhouse tomatoes. Acta Hort. 366: 405-416.

Alarcón, V. A. L. 2002. Manejo de la solución nutritiva y diagnóstico en cultivos sin suelo (y II). Departamento de Producción Agraria. Área Edafológica y Química Agrícola. ETSIA. Universidad Politécnica de Cartagena.

Amiri, M. and N. Sattary. 2004. Mineral precipitation in solution culture. Acta Hort. 644: 469-478.

Asher, C.J., and D.G. Edwards. 1983. Modern solution culture techniques. pp. 94-119. *In*: A. Pirson, and M.H. Zimmermann (Ed.). Encyclopedia of Plant Physiology. Vol. 15-A. Springer - Verlag, Berlin.

Carpena, O., A.M. Rodríguez y M.J. Sarro. 1987. Evaluación de los contenidos minerales de raíz, tallo y hoja de plantas de tomate como índices de nutrición. An. Edafol. Agrobiol. 46: 117-127.

Cornillon, P. 1988. Influence of root temperture on tomato growth and nitrogen nutrition. Acta Hort. 229: 211-218.

De Rijck, G. and E. Schrevens, 1997a. PH influenced by the mineral composition of nutrient solutions. J. Plant Nutr. 20(7&8), 911-923.

De Rijck, G. and E. Schrevens. 1998. Comparison of the mineral composition of twelve standar nutrient solutions. J. Plant Nut. 21:2115-2125.

De Rijck, G. y E. Schdrevens. 1998b. pH influence by the elemental composition of nutrient solution. J. Plant Nutr. 20 (7&8): 911-923.

Ehret, D.L. and L.C. Ho. 1986a. Effects of osmotic potential in nutrient solution on diurnal growth of tomato fruit. J. Exp. Bot. 37: 1294-1302.

Espinoza, G.R. 2010. El uso de microelementos en la producción de tomate. 6º Simposio Nacional de Horticultura. Memorias. 8-10 de Septiembre del 2010. Saltillo, Coahuila, México.

Gárate, A. e I. Bonilla. 2001. Nutrición mineral y producción vegetal. En: Azcón-Bieto, J. y M. Talón (coordinadores). Fundamentos de Fisiología Vegetal Ed. McGraw-Hill y Interamericana de España, S. A. U. y Edicions Universitat de Barcelona. Madrid, España. pp. 113-130.

Gislerod, H.R., Kempton, R.J. 1983. The oxygen content of flowing nutrient solutions used for cucumber and tomato culture. Scientia Horticulturae. 20(1): 23-33.

Graves, C.J. 1983. The nutrient film technique. Hort. Rev. 5: 1-44.Graves, C.J. y R.G. Hurd. 1983. Intermittent circulation in the nutrient film technique. Acta Hort. 133: 47-52.

Gunes, A.M., M. Alpaaslan and A. Inal. 1998. Critical nutrient of NFT-grown young in hydroponics. Annals of Botany 63: 643-649.

Hageman, R.H. 1994. Ammonium versus nitrate nutrition of higer plants. pp: 67-85. In: R.D. Hauck (ed.) Nitrogen in crop production. ASA, CSSA, and SSSA, Madison, Wi, USA.

Hewitt, E.J., 1952. Sand and water culture methods used in study of plant nutrition. Common wealth Bureau of Hort. Plantation crops, Tech Commun. No. 22.

Jones, J. B. Jr; B. Wolf and A. Mills, H. 1991. Plant Analysis Handbook. Methods of Plant Analysis and Interpretation. Micro-Macro Publishing Athens, GA, USA.

Jones, Jr. J. B. 1997. Hydroponics. A practical guide for soilless grower. St. Lucie Press. USA. 207 p.

Lara, H. A. 2000. Manejo de la solución nutritiva en la producción de tomate en hidroponía. Universidad Autónoma de Zacatecas. Jardín Juárez, Zacatecas, Zac; México.

Maldonado, T.R. 1994. Método universal para la preparación de soluciones nutritivas. Apoyos académicos. Universidad Autónoma Chapingo.

Marschner, H. 1995.Mineral nutrition of higher plants. 2nd edition. Ed. Academic Press. San Diego, Ca., U.S.A.

Montañés, L., Heras, L. y Sanz. M. 1991. Desviación del óptimo porcentual (DOP): Nuevo índice para la interpretación del análisis vegetal. An. Aula Dei (1991), 20(3-4):93-107. Zaragoza, España.

Moorby, J. and C.J. Graves. 1980. The effects of root and air temperature on the growth of tomatoes. Acta Hort. 98: 29-43.

Morard, P. Lacoste, L. and Silvestre, J. 2000. Effect of oxygen deficiency on uptake of water and mineral nutrient by tomato plants in soilles culture. J. Plant Nutr. 23(8), 1063-1078.

Papadopoulous, A P., X. Hao., J. C. Tu; and J. Zheng. 1999. Tomato production in open or closed rockwool culture systems with NFT or rockwool nutrient feedings. Acta Hort. 481: 89-96.

Reuter, D.J., Robinson, J.B. 1986. Plant Analysis. An Interpretation Manual. Inkata Press. Sydney Australia.

Rhoades, J. D. 1993. Electrical conductivity methods for meassuring and mapping soil salinity. pp: 201-251. *In:* Sparks, D.L (ed). Advances in Agronomy.

Rincón, S. L. 1997. Características y manejo de sustratos inorgánicos en fertirrigación. I Congreso Ibérico y III Nacional de fertirrigación. Murcia, España.

Santamaría, P., A. Elia. y M. Gonnella. 1997. Changes in nitrate accumulation of endive plants during light period as affected by nitrogen level and form. J. Plant Nutr. 20 (10): 1255-1266.

Schropp, W. D. 1951. Der vegetations versuch I. Die Methodik der wasser kultur oblazen. Newmann Verlag Radebuel and Berlin.

Sonneveld, C. 1997. A universal programme for calculation of nutrient solutions. Proceedings 18th Hydroponic Society of America. 7-17.

Sonneveld, C. y W. Voogt. 1990. Response of tomatoes (*Lycopersicon esculentum* L) to an unequal distribution of nutrient root environment. M. L. Van Beusichem (ed) Plant nutrition-physiology and applications. pp. 509-514.

Steiner, A.A. 1961. A universal method for preparing nutrient solutions of a certain desired composition. Plant Soil 15: 134-154.

Steiner, A.A. 1968. Soilless culture. Proceedings of the 6th Colloquium of the Internacional Potash Institute. pp: 324-341.

Steiner, A.A. 1973. The selective capacity of tomato plants for ions in a nutrient solution. pp. 43-53. *In*: Proceedings 3rd International Congress on Soilles Culture. Wageningen, The Netherlands.

Steiner, A.A. 1984. The universal nutrient solution. pp. 633-650. *In*: Proceedings 6th International Congress on Soilles Culture. Wageningen, The Netherlands.

Taiz L. and H. Zeiger. 1998. Plant Physiology. 2nd Ed. Sinauer Associates Publishers, Sunderland; Massachusetts.

Vestergaard, B. 1984. Oxygen supply to the roots in different hydroponic systems. 6th International Congress on Soiless Culture. The Netherlands.

I want morebooks!

Buy your books fast and straightforward online - at one of world's fastest growing online book stores! Environmentally sound due to Print-on-Demand technologies.

Buy your books online at
www.morebooks.shop

¡Compre sus libros rápido y directo en internet, en una de las librerías en línea con mayor crecimiento en el mundo! Producción que protege el medio ambiente a través de las tecnologías de impresión bajo demanda.

Compre sus libros online en
www.morebooks.shop

KS OmniScriptum Publishing
Brivibas gatve 197
LV-1039 Riga, Latvia
Telefax: +371 686 204 55

info@omniscriptum.com
www.omniscriptum.com

Printed by Books on Demand GmbH, Norderstedt / Germany